Excel für Fortgeschrittene am Beispiel der Darlehenskalkulation und Investitionsrechnung

Eduard Depner

Excel für Fortgeschrittene am Beispiel der Darlehenskalkulation und Investitionsrechnung

Ein Lern- und Übungsbuch

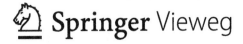 Springer Vieweg

Eduard Depner
Mannheim, Deutschland

ISBN 978-3-8348-1977-2   ISBN 978-3-8348-1978-9 (eBook)
DOI 10.1007/978-3-8348-1978-9

Die Deutsche Nationalbibliothek verzeichnet diese Publikation in der Deutschen Nationalbibliografie;
detaillierte bibliografische Daten sind im Internet über http://dnb.d-nb.de abrufbar.

Springer Vieweg
© Springer Fachmedien Wiesbaden 2012

Springer Vieweg ist eine Marke von Springer DE. Springer DE ist Teil der Fachverlagsgruppe
Springer Science+Business Media.
www.springer-vieweg.de

Inhalt

1 Einführung und Überblick

Das vorliegende Buch hat das Ziel, fortgeschrittene Excel-Techniken am Beispiel der Darlehenskalkulation und Investitionsrechnung zu vermitteln. Einzige Voraussetzung ist die sichere Handhabung mathematischer Formeln, speziell der Potenz- und Exponentialfunktion. Primäre Zielgruppen sind

- Studenten und Absolventen der Betriebswirtschaftslehre BWL sowie der
- Fachrichtungen Ingenieur- und Naturwissenschaften mit Bezug zur BWL, z.B. Wirtschaftsingenieure, Wirtschaftsinformatiker, etc.
- Schüler im letzten Jahr der allgemeinen oder fachgebundenen Hochschulzugangsberechtigung (Abitur, Realschulabschluss).

Das Niveau des behandelten Stoffes ist angesiedelt zwischen Fachhochschulzugangsberechtigung/Abitur und Grundstudium Hochschule: Gute Schülerinnen und Schüler in den letzten Jahren der Schule sollten damit klar kommen, StudentInnen im Grundstudium müssen dieses Niveau bestreiten können. Von den oben genannten Zielgruppen erwarten die Gesellschaft und der Arbeitsmarkt das behandelte Excel- und Finanzierungs-Know-How.

Das Buch ist in sich selbst abgeschlossen aufgebaut. Um die wesentlichen Aspekte zu verstehen, ist eine Lektüre ohne Excel zur Hilfe zu nehmen möglich und sinnvoll. Parallel zur Lektüre oder darauffolgend ist das Üben der Techniken am PC mit Excel sehr empfehlenswert – zu diesem Zweck stehen sowohl die Dateien, welche für die Erstellung des Buches verwendet wurden (siehe [ZM] in Literatur) als auch weitere Materialien (Übersicht dazu: Kapitel 1.2) zur Verfügung.

Zielsetzung fortgeschrittene Excel-Techniken: Die fortgeschrittenen Excel-Techniken sind aus dem analytischen Bereich, d.h. effizienter Umgang mit Formeln und Daten. Der besonders hochwertigen Darstellung von Daten und Formeln in Excel (Farben, Schriftart, etc.) wird in dem Umfang Beachtung geschenkt, in welchem der analytische Aspekt es erfordert.

„Reduce to the Max" – Reduzieren auf das Wesentliche: Die Methode des Arbeitens mit Excel wurde auf das Notwendigste getrimmt; diese Inhalte wurden dafür eingehend behandelt, inkl. Fehlerquellen und Hilfe zur Selbsthilfe im Fehlerfall. Excel-Inhalte oder -Funktionalitäten, die aus dieser Sicht entbehrlich erschienen, wurden ganz ausgelassen oder mit „vermeiden" gekennzeichnet, falls unerwünschte oder unerwartete Nebenwirkungen möglich sind.

Zielsetzung Investitionsrechnung: Der Schwerpunkt liegt hier auf der praktischen Durchführung von Investitionsrechnungen, diesem Schwerpunkt werden die theoretischen Aspekte der Investitionsrechnung untergeordnet. Ein Zusatznutzen aus der Investitionsrechnung ergibt sich aus der Darlehenskalkulation: Die Leserinnen und Leser sollten nach den Kapiteln 2 und 4 in der Lage sein, mit Banken auf Augenhöhe Darlehensverhandlungen (Immobilienkredite, Konsumentenkredite, etc.) durchzuführen[1].

Zur verwendeten Methode: Excel-Inhalte wechseln sich ab mit Inhalten der Finanzierung, Darlehenskalkulation und Investitionsrechnung. Aus Autorensicht sind die beiden Komponenten Excel-Technik und Finanzierung gleich wichtige Bestandteile des Buches.

1.1 Abhängigkeit der Kapitel untereinander

Zwei in sich abgeschlossene Leitfäden – „Trails" – bilden die Grundlage:

- Fortgeschrittene Excel-Techniken, abgedeckt durch die geraden Kapitel 2, 4, 6, 8, 10 sowie Anhang I.
- Investitionsrechnung, abgedeckt durch die ungeraden Kapitel 3, 5, 7, 9, 11 und 13.

Die beiden Leitfäden sind je nach Interpretation wie folgt voneinander abhängig:

- Für die Excel-Techniken ist die Investitionsrechnung ein in sich abgeschlossenes Übungssystem: no practice, no fun.
- Für die Investitionsrechnung stellen die Excel-Techniken die unentbehrliche Grundlage dar: no IT, no results.

Innerhalb des Excel-Trails bauen alle Kapitel auf dem ersten Kapitel auf, ansonsten sind die Kapitel untereinander im Wesentlichen unabhängig. Die Nummerierung stellt die empfohlene Lesereihenfolge dar.

Innerhalb des Investitionsrechnung-Trials bauen mit Ausnahme des letzten Kapitels1 alle anderen auf einander auf. Dies bedeutet, dass man z.B. Grundlagen der Investitionsrechnung (Kapitel 3) vor den Cashflow-Betrachtungen des 5. Kapitels durcharbeiten sollte.

Jedes Kapitel des Investitionsrechnung-Trials ist zweiteilig: Im ersten theoretischen Teil wird die relevante Investitionsrechnung erläutert, im zweiten praktischen Teil die Implementierung in Excel. Für den theoretischen Teil werden die vorangehenden Theorieteile des Investitionsrechnung-Trials vorausgesetzt, für den praktischen Teil auch die davor gehenden Kapitel aus dem Excel-Trail.

Beispiel: Für die Theorie des Kapitels 5 wird die Theorie des Kapitels 3 vorausgesetzt. Für den praktischen Teil des Kapitels 5 wird Kapitel 3 sowie zusätzlich Kapitel 2 vorausgesetzt.

Zur besseren Orientierung eine tabellarische Übersicht der Trails:

---

1   Es ist schon denkwürdig, wenn Hochschulabsolventen selbst mit BWL-Vertiefung sich selbst in der Beurteilung eigener Darlehen (z.B. Häuslebauer) nicht helfen können.

Tabelle 1: Trails mit inhaltlicher Beschreibung der Kapitel

Kap.	Excel-Trail	Investitionsrechnung-Trail
1	Einführung/Überblick	
2	Fortgeschrittenen Techniken: Arbeiten mit Zellen, Formeln, ...	
3		Darlehenskalkulation: Kontoverlauf „wie von der Bank"
4	Zielwertsuche: Gleichungen in Excel lösen	
5		Cashflow, Barwert, Effektiv-Zins: Der Preis für ein Darlehen
6	SVerweis: Verknüpfen von Daten	
7		Barwert Geld und Kapitalmarkt: Wert der Finanzierung am Markt
8	Konsolidierung: Zusammenführen von Daten	
9		AfA Abschreibung für Abnutzung: Die Cashflow-Komponente
10	Szenario-Analyse: Mehrere Möglichkeiten modellieren	
11		Umsatzprognose: Wert einer Investition unter Berücksichtigung aller Faktoren: Finanzierung (Darlehen), AfA, Umsatz, etc.
12	Teilergebnis: Aggregation von Kennzahlen nach Merkmalen	
13		Jährliche Darlehens-Zinslast für das Finanzamt
14	Anhänge: Pivot-Tabellen, Namensmanager, etc.	

1.2 Darstellung und Begleitmaterial

Das Buch ist gestaltet, um eine selbstständige Lektüre zu ermöglichen, d.h. ohne Zugriff auf einen Rechner. Nach der Lektüre der Grundideen (bzw. parallel dazu) wird die Ausarbeitung der Beispiele aus dem Buch sowie der Übungsaufgaben empfohlen. Dafür steht das folgende elektronische Begleitmaterial zur Verfügung:

- Die für die Erstellung des Buches verwendeten Excel-Dateien (siehe [ZM]).
- Jedes Kapitel hat als vorletzten Abschnitt „Fehler und Fehlerbehebung", die Dateien dazu stehen unter [ZM] zum Herunterladen zur Verfügung.

- Zu jedem Kapitel werden Übungsaufgaben vorgeschlagen. Eine weitere Auswahl von Übungsaufgaben ist ebenfalls unter [ZM] abrufbar.

1.3 Sichten auf das Buch und Begleitmaterial

Die Bestandteile

- Buch
- die Excel-Dateien für die Erstellung des Buches
- Beispiele (als Excel-Dateien) und Übungen
- die Strukturierung der Inhalte (siehe oben Kapitel 1.1)

erlauben folgende Kombinationen oder Sichten:

1. Theorie Investitionsrechnung (Buch) mit praktischem Teil (Excel-Dateien).
2. Excel-Dateien (Beispiele und Musterlösungen zu den Übungen) mit dazugehörigen Erläuterungen (Buch).
3. Vertiefung Excel-Methoden (z.B. Zielwertsuche, SVerweis, etc.) mit praktischen Beispielen und Übungen.
4. Hilfe zur Selbsthilfe für trickreiche Excel-Methoden (Zielwertsuche, etc.).

Um den größten Nutzen zu erzielen, wird den Lesern und Leserinnen empfohlen, alle obigen Sichten durchzuarbeiten. Beispiele:

- zu Punkt 2.: Die Excel-Dateien einzeln durcharbeiten und den Zusammenhang zum Buch herstellen.
- zu Punkt 4.: Alle Stolpersteine einzeln durcharbeiten – Theorie/Buch und Beispiele/Excel-Dateien – sowie die dazugehörigen speziellen Aufgaben (Excel-Dateien) lösen.

2 Excel: Fortgeschrittene Techniken

Excel-Kenntnisse werden heutzutage in so gut wie allen Bereichen des Lebens gefordert und erst Recht auf dem Arbeitsmarkt. Der Fokus liegt nicht mehr auf „ich kann mit Excel arbeiten", sondern vielmehr auf dem effizienten Arbeiten mit Excel: schnell, robust, geringe Fehlerquote und im Fehlerfall sich weiter helfen können. Unabdingbar dafür ist die Bewältigung und Beherrschung grundlegender Techniken in Excel.

2.1 Datenbereiche: Effiziente Handhabung

Lernziele: 1. Navigation in Datenbereichen, Copy&Paste

2. Zellen/Formeln fortschreiben

3. Daten und Excel-Blättern strukturieren

Ein Datenbereich in Excel ist das kleinste Rechteck, das eine zusammenhängende Menge von Daten umfasst. Die meisten Excel-Funktionen operieren auf solchen Datenbereichen, d.h. erkennen implizit den Datenbereich in dem sich der Mauszeiger befindet. Dabei ist es unerheblich, ob der Bereich „Dellen", d.h. leere Zelle auf dem Rand, aufweist oder „Lücken" hat, also leere Zellen im Bereich selbst vorkommen; Excel ermittelt immer zielgerecht den rechteckigen Datenbereich.

Datenbereiche werden in Excel in der Notation

> linke-obere-Zelle Doppelpunkt rechte-untere-Zelle

angegeben.

Beispiel: Im folgenden Bild sind 2 Datenbereiche eingerahmt:

- Der erste Datenbereich A1:D5, also das Rechteck A1 – D1 – D5 – A5 und
- der zweite Datenbereich G1:H5, also das Rechteck G1 – H1 – H5 – G5.

Der Umstand, dass in den Zellen D4 bzw. G3 und H5 Einträge fehlen („Dellen"), hindert Excel nicht daran, diese Rechtecke als Datenbereiche zu erkennen.

	A	B	C	D	E	F	G	H
1	Überschrift 1	Überschrift 2	...	Überschrift n			Bereich2	Bereich2
2	Zeile 1	Zeile 1	Zeile 1	Zeile 1			Bereich2	Bereich2
3	Zeile 2	Zeile 2	Zeile 2	Zeile 2				Bereich2
4	Zeile 3	Zeile 3	Zeile 3				Bereich2	Bereich2
5	Zeile 4	Zeile 4	Zeile 4	Zeile 4			Bereich2	

Abb. 1 Datenbereiche

Der Umgang mit den Datenbereichen, also von der Konzeption über Erstellen, Navigation (d.h. sich innerhalb des Bereichs bewegen), Anzeigen/Darstellen und Überprüfen, ist fundamental für ein effizientes Arbeiten mit Excel. Tatsächlich lässt sich jede Excel-Datei als Sammlung mehrerer Excel-Blätter darstellen, welche mit Datenbereichen gepflastert sind.

Bemerkung: Seit Microsoft Office 2007 bietet Excel sogenannte „Tabellen" an, welche den Datenbereichen am nächsten kommen. Die Vor- und Nachteile dieser Tabellen-Objekte sind im Anhang II, Seite 185, aufgeführt. Ob sich diese Tabellen im alltäglichen Gebrauch durchsetzen werden, bleibt noch abzuwarten. Höchstwahrscheinlich muss Excel dafür ein deutliches Plus an Funktionalität in den kommenden Office-Versionen anbieten.

2.1.1 Navigation in Datenbereichen, Fenster fixieren

Unter Navigation in Datenbereichen ist das Aufsuchen der Rechteck-Ränder eines Datenbereichs oder der Sprung zum nächsten Datenbereich (oben, unten, rechts und links von aktuellen Datenbereich) gemeint. Für die schnelle Navigation wird die „Ende"-Taste im Zusammenhang mit den Pfeiltasten der Tastatur verwendet:

* Taste „Ende" drücken und loslassen
* Eine der 4 Pfeiltasten drücken und loslassen.

Die „Ende"-Taste muss im ersten Schritt ausdrücklich losgelassen werden, ein gleichzeitiges Betätigen der beiden Tasten führt nicht zum Ziel. Das Ergebnis der beiden Schritte:

* Befindet sich der Mauszeiger außerhalb eines Datenbereichs, so wird zum nächsten Datenbereich in der gewählten Pfeilrichtung gesprungen. Ist kein solcher Datenbereich vorhanden, so springt Excel zum entsprechenden Rand des Blattes.
* Befindet sich der Mauszeiger in einem Datenbereich und zwar nicht auf dem Rand des Datenbereichs: Die Zellen des Datenbereichs werden in Pfeilrichtung zum Rand des Datenbereichs übersprungen.
* Befindet sich der Mauszeiger auf dem Rand eines Datenbereichs: Falls die Pfeilrichtung in den Datenbereich zeigt, so ist das Verhalten wie in B., also Sprung zum Rand des Datenbereichs. Zeigt der Pfeil außerhalb des Datenbereichs, so springt Excel zum nächsten Datenbereich oder zum Blattrand, falls kein Datenbereich mehr vorhanden ist.

Befinden sich leere Zellen im Datenbereich in der Navigationsrichtung, so werden diese angesteuert. Etwas heuristischer, dafür aber gut merkbar:

* Die Taste „Ende" signalisiert Excel einen Sprung zum Daten-Rand hin.
* Die Sprungrichtung wird mit den Pfeiltasten angegeben.
* Gesprungen wird immer zum Rand des aktuellen oder benachbarten Datenbereichs:

    a. hat der Datenbereich keinen Rand in Sprungrichtung mehr, so Sprung zum benachbarten Datenbereich;

    b. liegt kein benachbarter Datenbereich mehr vor, so Sprung zum Blattrand.

    c. Leere Zellen werden bevorzugt angesteuert.

Die obigen Fälle werden am folgenden Bild verdeutlicht. Das Excel-Blatt enthält genau zwei Datenbereiche A1:D5[2] und G1:H5[3]:

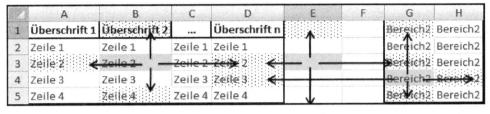

Abb. 2 Navigation in Datenbereichen

Die Verdeutlichung der Navigation setzt auf folgende Vereinbarung auf: Für den Punkt A. wird immer aus der Zelle E3 gesprungen, für Punkt B. aus Zelle B3 und für Punkt C. aus Zelle G4. Die gepunkteten Zellen sind diejenigen, in welchen sich der Mauszeiger nach der Navigation befinden wird. Ausnahme: Von E3 mit Tastenkombination „Ende"+Pfeil-nach-unten gelangt man an den unteren Rand des Blattes, der nicht eingezeichnet ist. Alle Navigationssprünge werden im Folgenden in tabellarischer Form mit zugehörigen Kommentaren wiedergegeben.

Zu a. Mauszeiger außerhalb eines Datenbereichs (der Mauszeiger startet immer aus E3):

Tabelle 2: Außerhalb eines Datenbereichs zum Sprungziel

Tastenkombi-nation	Ergebnis: Maus-zeiger in Zelle	Kommentar
„Ende"+Pfeil-**Rechts**	G3	Sprung zum nächsten Datenbereich rechts
„Ende"+Pfeil-**Links**	D3	Sprung zum nächsten Datenbereich links
„Ende"+Pfeil-**Unten**	Unterer Blattrand, Spalte E	Kein Datenbereich => zum unteren Rand
„Ende"+Pfeil-**Oben**	Oberer Blattrand, Spalte E: E1	Kein Datenbereich => zum oberen Rand

Zu b. Mauszeiger im Inneren eines Datenbereichs (der Mauszeiger startet immer aus B3):

---

2   Also das Rechteck A1 – D1 – D5 – A5.

3   Also das Rechteck G1 – H1 – H5 – G5.

Tabelle 3: Sprungziel aus dem Datenbereich heraus

Tastenkombi-nation	Ergebnis: Maus-zeiger in Zelle	Kommentar
„Ende"+Pfeil-Rechts	D3	Der rechte Rand des Datenbereichs in Zeile 3.
„Ende"+Pfeil-Links	A3	Der linke Rand des Datenbereichs in Zeile 3. Zufällig auch Blatt-Rand.
„Ende"+Pfeil-Unten	B5	Der untere Rand des Datenbereichs in der Spalte B.
„Ende"+Pfeil-Oben	B1	Der obere Rand des Datenbereichs in der Spalte B. Zufällig auch Blatt-Rand.

Zu c. Mauszeiger auf dem Rand eines Datenbereichs (der Mauszeiger startet immer aus G4):

Tabelle 4: Sprungziel vom Rand eines Datenbereichs

Tastenkombi-nation	Ergebnis: Maus-zeiger in Zelle	Kommentar
„Ende"+Pfeil-Rechts	H4	Der rechte Rand des Datenbereichs in der Zeile 4.
„Ende"+Pfeil-Links	D4	Sprung zum rechten Rand des **benachbarten** Datenbereichs in Zeile 4.
„Ende"+Pfeil-Unten	G5	Der untere Rand des Datenbereichs in der Spalte G.
„Ende"+Pfeil-Oben	G1	Der obere Rand des Datenbereichs in der Spalte G. Zufällig auch Blatt-Rand.

2.1.1.1 Prüfung leere Zeile/Spalte

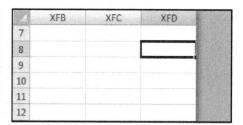

Abb. 3 Datenbereich mit Leerzeile   **Abb. 4 Zeilenende**

Mit Hilfe der Navigation in Datenbereichen, d.h. mit der Tastenkombination „Ende"+Pfeiltaste, kann man schnell herausfinden ob eine Excel-Zeile oder -Spalte leer ist. Im folgenden Bild ist die Zeile 8 allem Anschein nach leer und stört nur durch den Spalt zwischen Spaltenüberschriften und Daten. Getrost löschen darf man diese Zeile nur falls ein Datenverlust ausgeschlossen werden kann. Zu prüfen ist also, ob die Zeile 8 leer ist. Die Prüfung mit Hilfe der Datennavigation:

- Aus der Zelle A8 positioniert springt man mit der Tastenkombination Ende+Pfeil-nach-Rechts zum nächsten Datenbereich.
- Gelangt man – wie im Bild oben rechts – zum rechten Ende des Blattes, so gibt es in der Sprungrichtung keine Daten mehr.

Im obigen Fall kann man damit die Zeile 8 ohne Datenverlust löschen. Die Navigation zurück nach Spalte A erfolgt offenbar durch die Tastenkombination Ende+Pfeil-nach-Links.

2.1.1.2 Fenster fixieren

Verbleiben wir beim obigen Beispiel. Gesetzt den Fall, dass die Einträge in den Spalten des ersten Bereichs sich bis weit nach unten erstrecken (typischerweise ein paar hundert Zeilen), so steht man vor folgendem Problem: Jeder Seitenlauf nach unten (down-scrolling) verschiebt die Spaltenüberschriften nach oben außerhalb des sichtbaren Fensterbereiches. Sind auch mehrere Spalten im Spiel, kann dies sehr unübersichtlich sein bei der Verarbeitung der Zeilen weiter unten – man weiß schlichtweg nicht mehr die Bedeutung der Spalten, in denen man operiert.

	A	B	C	D
7	Überschrift 1	Überschrift 2	...	Überschrift n
8	Zeile 1	Zeile 1	Zeile 1	Zeile 1
9	Zeile 2	Zeile 2	Zeile 2	Zeile 2
10	Zeile 3	Zeile 3	Zeile 3	
11	Zeile 4	Zeile 4	Zeile 4	Zeile 4

	A	B	C	D
7	Überschrift 1	Überschrift 2	...	Überschrift n
1048555				
1048556				
1048557				
1048558				

Abb. 5 Zeile zu fixieren　　　　　　**Abb. 6 Fixierte Überschriften**

Gefordert ist eine Möglichkeit die Daten etliche Zeilen weiter unten einsehen zu können, ohne die Spaltenüberschrift aus dem Auge zu verlieren, wie z.B. im rechten Bild, wo die unterste Zeile in Excel zugleich mit den Spaltenüberschriften zu sehen ist (mit Tastenkombination Ende+Pfeil-nach-Unten bewerkstelligt, damit ist auch geprüft, dass es keine weiteren Daten außerhalb des ursprünglichen Datenbereichs mehr gibt, siehe vorigen Abschnitt).

Die Abhilfe in diesem Fall lautet, das Fenster zu fixieren:

- Markiere die Zeile unterhalb der Spaltenüberschriften (Excel-Zeile 8 im Bild).
- Excel 2007: im Menü Ansicht → (Gruppe Fenster) Fenster Fixieren wähle Fenster fixieren (gemäß folgendem Bild).

Damit wurde Folgendes erreicht: Die Excel-Zeile 7 bleibt fixiert trotz Seitenlaufs nach unten, siehe das rechte Bild zu Beginn dieses Abschnitts.

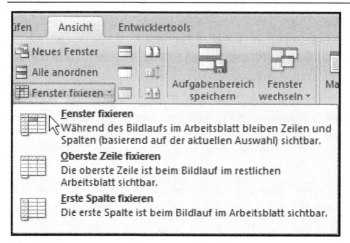

Abb. 7 Menü Fenster Fixieren

Bemerkung: Die fixierten Zeilen am oberen Rand lassen sich damit nicht mehr scrollen, d.h.: Falls es oberhalb dieser Zeilen weitere, nicht-angezeigte Zeilen gibt, sind diese nach dem Fixieren nicht mehr mit der Bildlauf-Funktion einblendbar. Abhilfe: Die Fixierung aufheben, ggf. ein paar Zeilen weiter hoch scrollen und wieder fixieren.

2.1.2 Datenbereiche Markieren, Copy & Paste

Für die Excel-Datenbereiche haben wir die Navigation in den vorigen Abschnitten gelernt. Weitere wichtige Operationen auf den Datenbereichen sind: den gesamten Datenbereich markieren, kopieren, ausschneiden und einfügen. Das Markieren eines Datenbereichs fußt auf der Navigation – hält man die Umschalt-Taste (shift) gedrückt, so markiert Excel sämtliche Zellen der anschließenden Navigation. Die Zellen eines Datenbereichs werden wie folgt markiert:

- Via Navigation positioniere die Maus in die linke obere Ecke des Datenbereichs.
- Halte die Umschalttaste gedrückt für alle folgenden Schritte.
- Via Navigation positioniere die Maus in die rechte untere Ecke, d.h.

    a. „Ende"-Taste + Pfeil-nach-Unten (Datenbereich-Ecke links unten)
    b. „Ende"-Taste + Pfeil-nach-Rechts (Datenbereich-Ecke rechts unten)

- Umschalttaste loslassen

Als Ergebnis erhält man alle Zellen des Datenbereichs markiert.

Beispiel: Starten wir mit dem Datenbereich A1:B5 und Mauszeiger in B4. Via Navigation „Ende"+Pfeil-nach-Links gefolgt von „Ende"+Pfeil-nach-Oben (Pfeile im Bild) gelangt man in die linke obere Ecke des Datenbereichs (siehe Bild unten links). Aus der linken oberen Ecke des Datenbereichs führt die Tastenkombination Umschalttaste (gedrückt halten!), gefolgt von „Ende" (drücken und loslassen!) sowie Pfeil-nach-Unten (danach Umschalttaste loslassen) zur Markierung der ersten Spalte A1-A5 des Datenbereichs (siehe Bild unten Mitte). Mit der Tastenkombination Umschalttaste (gedrückt halten!), gefolgt von „Ende"-Pfeil-nach-Rechts (wie vorhin wieder die Umschalttaste loslassen) wird der gesamte Datenbereich A1-B5 markiert (Bild rechts). Für das Markieren des Datenbereichs kann man aus jeder Ecke starten; wichtig dabei ist es, in die gegenüberliegende Ecke zu navigieren, d.h. von links oben nach rechts unten bzw. von rechts oben nach links unten (Bild oben rechts). Wegen der üblichen Schreibrichtung von links nach rechts wird man i.d.R. von der linken Ecke oben nach der rechten Ecke unten gehen.

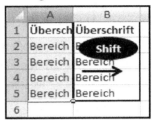

Abb. 8 Ecke links oben   Abb. 9 Shift+Pfeil-n.-Unten   Abb.10 Shift+Pfeil-n.-Rechts

Abb. 11 Markierung   **Abb. 12 Von Ecke zu Ecke**

Bemerkung: Man kann auch mit der Maus arbeiten statt mit der Navigation:

- Mauszeiger in die linke obere Ecke A1 stellen.
- Umschalttaste drücken und gedrückt halten.
- Mauszeiger in die rechte untere Ecke B5 stellen.
- Umschalttaste loslassen.

Für Datenbereiche im sichtbaren Bereich des Fensters ist die Maus i.d.R. die schnellere und ggf. bequemere Lösung. Für Datenbereiche, die nicht mehr in den sichtbaren Fensterbereich hineinpassen, ist die Navigation mit den Tastenkombinationen „Ende"-Pfeiltasten schneller und genauer.

Hat man einen Datenbereich markiert, so ist das Kopieren Standard, d.h. Tastenkombination Strg-c oder gleichwertig. Das Ausschneiden erfolgt via Strg-x und das Einfügen mit Strg-v.

2.1.3   Fortschreiben von Zellen: „Bobbele"-Doppelklick

	A	B	C
1	Tage 2010 fortl. No.	Tag als Datum	Das "Bobbele"
2		1 01.01.2010	
3		2	
4		3	

	A	B
1	Tage 2010 fortl. No.	Tag als Datum
2		1 01.01.2010
3		2 02.01.2010
4		3 03.01.2010

Abb. 13 „Bobbele" mit Mauszeiger greifen   **Abb. 14 Ergebnis Doppel-Klick**

Eine der großen Stärken von Excel besteht in der Vervielfältigung von Zellen. Weist z.B. die Zelle B3 den Inhalt 01.01.2010 auf, so lässt sich durch Fortschreiben dieser Zelle die Reihe der Tage fortsetzen: 02.01.2010, 03.01.2010, etc. Das meistgenutzte Verfahren, Zellen fortzuschreiben – das „Bobbele"-Ziehen – lässt sich wie folgt beschreiben:

1. Markiere mit der Maus die fortzuschreibende Zelle, ggf. die fortzuschreibenden Zellen

2. Greife mit der linken Maustaste das „Bobbele" (= der verdickte Punkt) rechts unten am markierten Bereich.

3. Ziehe mit gedrückter Maustaste dieses „Bobbele" in die gewünschte Richtung waagerecht oder senkrecht.

Technisch gesehen errechnet Excel die Werte für die Folgezellen und kopiert diese Inhalte in die relevanten Zellen hinein. Im rechten Bild wurde 02.01.2010 für B3, 03.01.2010 für B4 usw. berechnet und in die Zellen eingetragen.

Für Benutzer, die viel mit Excel arbeiten, wird dieses Verfahren mit der Zeit lästig, speziell die Kontrolle mit der Maus über den fortgeschriebenen Bereich: Ein Ausrutscher und schon hat man ein paar mehr Zeilen fortgeschrieben oder aus Versehen sogar benachbarte Spalten überschrieben.

Effizient lassen sich Zellen fortschreiben mit der Doppel-Klick-Fortschreibung – dem "Bobbele"-Doppelklick –, d.h. den obigen Schritt 3. durch folgenden Schritt 3'. ersetzen:

3'. Ein Doppelklick auf das „Bobbele" schreibt die Zelle automatisch fort.

Der Bobbele-Doppelklick hat jedoch einen Haken: Woher weiß Excel wie weit nach unten die Zellen fortgeschrieben werden sollen? Um die Reichweite der Fortschreibung via Bobbele-Doppelklick zu ermitteln, richtet sich Excel an den benachbarten Spalten und Zeilen, in unserem Fall an die Spalte A. Daher der

Tipp: Daten-Kolonnen erstellt man in Excel am schnellsten, wenn man sich nach bereits bestehenden Daten-Spalten richtet. Versuchen Sie immer, auf bestehendem Datenmaterial aufzusetzen, die "innere Struktur" der Datenblätter zu verwenden. Wichtig dabei ist, dass in der Zeile/Spalte, wonach man sich richtet, keine Lücke besteht.

Insgesamt besteht die Strategie für die Aufstellung von Datenspalten in Excel aus

- Erstelle eine Spalte als „Richt"-Spalte, verwende dabei das Fortschreiben von Zellen durch „Bobbele"-Ziehen (im Bild vorhin Spalte A).
- Erstelle weitere benachbarte Spalten und schreibe diese durch den „Bobbele"-Doppelklick fort (im Beispiel oben Spalte B).

2.1.3.1 Datenreihen fortschreiben

Im obigen Beispiel wurde das Datum 01.01.2010 tageweise hochgezählt auf 02.01.2010, 03.01.2010, etc. Nicht immer ist Excel klar, wie die Inhalte hochgezählt werden sollen – im Bild unten links: Soll der Anfangswert 1 (Eins, Zelle A2) kopiert oder hochgezählt werden? – und nicht immer soll das offensichtliche Hochzählen verwendet werden, z.B. ist es auch wichtig die Monate hochzuzählen. Im Bild unten links produziert das „Bobbele"-Ziehen das Ergebnis im Bild rechts:

◢	A	B	C
	Monat als	Monat als	
1	Lfd. No.	Datum	
2		1 01.01.2010	
3			

◢	A	B
	Monat als	Monat als
1	Lfd. No.	Datum
2		1 01.01.2010
3		1 02.01.2010

Abb. 15 „Bobbele"-Ziehen   **Abb. 16 Hochgezählt oder kopiert?**

Irritierend kommt hinzu, dass Excel in Abhängigkeit von der Version und Installation die 1 (Eins) mal kopiert (d.h. 1, 1, 1, …) mal hochzählt (d.h. 1,2,3...). Die Excel-Einstellungen bezüglich der Bildung von Datenreihen lassen sich durch die explizite Angabe der Anfangswerte beeinflussen. Im Beispiel muss man in die 3. Excel-Zeile die Folgenwerte 2 bzw. 01.02.2010 eintragen und daraufhin den gesamten Bereich A2-B3 via „Bobbele"-Ziehen fortschreiben. Das Ergebnis ist im folgenden Bild rechts dargestellt: Excel hat erkannt, dass für die Spalte A immer 1 (Eins) hochgezählt und für die Spalte B monatsweise hochgezählt werden muss.

◢	A	B
	Monat als	Monat als
1	Lfd. No.	Datum
2		1 01.01.2010
3		2 01.02.2010
4		
5		
6		
7		

◢	A	B
	Monat als	Monat als
1	Lfd. No.	Datum
2		1 01.01.2010
3		2 01.02.2010
4		3 01.03.2010
5		4 01.04.2010
6		5 01.05.2010
7		6 01.06.2010

Abb. 17 Muster aus 2 Zeilen   **Abb. 18 Muster fortgeschrieben**

Tipp: Um ein Muster (Zahlen, etc.) in Excel fortzuschreiben, muss man die ersten Glieder des Musters eintragen und danach die entsprechenden Zellen fortschreiben.

2.2 Formeln

Lernziele: 1. Formeln in Excel, mit Zellenbezügen, Fortschreiben

2. Graphisches Editieren von Formeln (F2)

3. Festsetzen von Zellenbezügen in Formeln, „F2-Enter"-Check

Die weite Verbreitung verdankt Excel auch der einfachen Handhabung von Formeln: Ein „=" (Ist-Gleich-Zeichen) am Anfang einer Excel-Zelle eingetippt, leitet
eine Formel ein. Nach dem „=" kann man eine beliebige mathematische Formel
eingeben, Excel wertet diese aus und zeigt das Ergebnis in der Zelle an. Im Bild
links ist die Formel in der Zelle A1 dargestellt, im Bild rechts der dazugehörige
Wert. In beiden Fällen wird die Formel selbst in der Funktionsleiste ![fx] dargestellt,
siehe Pfeil-Markierungen.

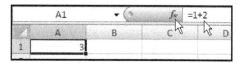

Abb. 19 Einfache Formel in Excel   **Abb. 20 Formelergebnis**

Mit Formeln muss man sauber unterscheiden zwischen

- einem statischen Inhalt einer Zelle, d.h. ein einfacher Betrag oder eine Datums-
  angabe wie im vorhergehenden Abschnitt, und
- einer Formel. Zu dieser gehört nebst angezeigtem Wert auch der Formelaus-
  druck; die Werte dieser Zellen können sich somit ändern.

Für die die üblichen mathematischen Operationen verwendet Excel folgende Aus-
drücke:

Tabelle 5 Mathematische Operanden in Excel

Mathematische Operation	In Excel	Kommentar
+	+	Additionszeichen unverändert
-	-	Subtraktions-Zeichen unverändert
Multiplikation	*	Das Sternzeichen * wird von Excel für die Multiplikation verwendet
Division	/	Excel kann keine Brüche darstellen, der Schrägstrich / wird für die Division verwendet
Potenzieren: 2^{10}	2^10	In Excel-Formeln gibt man die Potenz an durch das voranstellen des Zeichens ^ („Hütchen").

Um das Potenz-Zeichen ^ zu erzeugen ist unter Umständen ein Betätigen der Leerzeichen Taste notwendig. Viele Tastaturen betrachten dieses Zeichen nicht als ei-
genständiges, direkt eingabebereites Zeichen sondern erwarten eine Zusatztaste.

Da die Eingabe von Hochzahlen sowie Brüchen in Excel-Formeln nicht möglich ist, muss man sich auf die „serielle" Eingabe zurückbesinnen, d.h. die mathematischen Formeln ohne Hoch-/Tief-Stellung in einer Zeile angeben. Aus diesem Grund spielt Klammerung mit runden Klammern eine wichtigere Rolle als z.B. in der Bruchrechnung. Tabelle 6 zeigt einige Beispiele.

Tabelle 6 Rechnen in Excel – Verwenden von runden Klammern

Mathematisch	Excel-Formel	Kommentar
2^{10+11}	2^(10 + 11)	Man beachte die Klammerung. Die Excel-Formel 2^10+11 implementiert den mathematischen Ausdruck $2^{10} + 11$
$\dfrac{2}{10 + 11}$	2/(10+11)	Wiederum spielt die Klammerung eine wichtige Rolle. Die Excel-Formel 2/10+11 implementiert den Ausdruck $\frac{2}{10} + 11$

2.2.1 Formeln Stolpersteine

- Selbst eine konstante Formel „=2" in einer Excel-Zelle kennzeichnet diese Zelle als Zelle-mit-Formel. Dies fällt im allgemeinen Gebrauch nicht weiter auf, für einige fortgeschrittene Techniken – z.B. Zielwertsuche – sind ungewollte Formeln eine Quelle unerwünschter Fehlersuche.
- Abhängig von der Excel-Version wird das Ist-Gleich-Zeichen „=" für den Anfang einer Formel unterschiedlich interpretiert: Ältere Versionen erfordern dieses Zeichen gleich zu Beginn, d.h. keine einleitenden Leerzeichen, neuere Versionen übersehen großzügig Leerzeichen zu Beginn der Formel. Der Ausdruck „=2" wird damit von allen Excel-Versionen als Formel erkannt, der Ausdruck „ =2" hingegen nur von manchen.
  Tipp: Formeln gleich mit „=" starten, nicht unnötig Leerzeichen einsetzen.
- Will man das Ist-Gleich-Zeichen „=" als solches darstellen (Text) und nicht als Beginn einer Formel, so stellt man ihm einen Apostroph voran, d.h. man tippt „'=" ein. In Excel leitet der Apostroph einen Text ein.

2.2.2 Graphisches Editieren von Formeln: F2-Taste

Möchte man auf bereits bestehende Excel-Zellen zugreifen, so reicht Excel die Angabe der Zellenbezüge in der Formel; man kann somit die Zellenbezüge, z.B. A1, B2, etc. als mathematische Variablen auffassen. Sind beispielsweise für die lineare Funktion y=m*x + n die Werte m=2 und n=3 in den Zellen B1 bzw. B2 eingetragen[4] sowie x= -1 in A5, so kann man in der Zelle B5 mit der Formel „=B1*A5+B2" die lineare Funktion an der Stelle -1 auswerten lassen. Ändert man die Werte in B1 (für m), B2 (für n) oder A5 (für den Wert von x), so passt Excel den Funktionswert in der Zelle B5 automatisch an.

---

4   Vergl. folgende Bilder

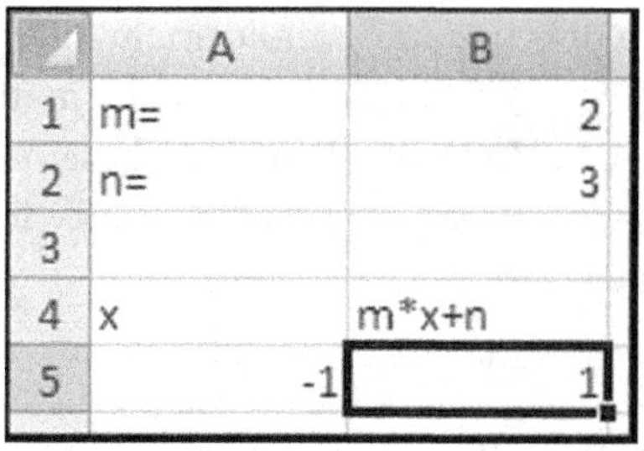

Abb. 21 Formel-Zusammensetzung?

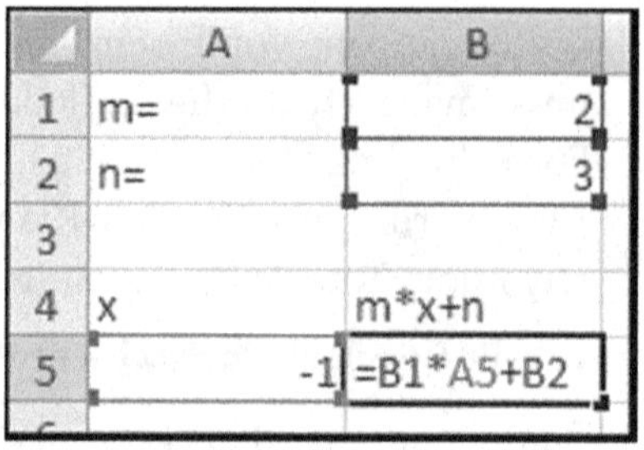

Abb. 22 ... vermöge F2!

Wird man mit einer Formel-Zelle wie B5 im Bild oben links konfrontiert, so stellt sich die Frage wie man die Formelzusammensetzung überprüfen kann. Folgende Schritte sind hilfreich:

- Positioniere den Zeiger auf die gewünschte Zelle
- Drücke die Taste F2 in dieser Zelle (wahlweise funktioniert auch Doppel-Klick)

Die Variablen der Formel werden damit durch eine graphische, farbige Umrahmung kenntlich gemacht, siehe im Bild oben rechts die Zellen B1, B2 und A5.

Um die Formel zu ändern kann man direkt die Umrahmungen der Zellen mit dem Mauszeiger packen und verschieben, d.h.

- Mauszeiger auf die gewünschte Umrahmung positionieren
- Linke Maustaste klicken und gedrückt halten
- Sowie gleichzeitig mit der Maus die Umrahmung auf die gewünschte Excel-Zelle verschieben.

Offenbar muss im Vorfeld mit F2 die Zusammensetzung der Formel graphisch dargestellt werden um mit der Maus die Formelvariablen verschieben zu können.

Tabelle 7 Graphisches Editieren von Formeln in Excel

Schritt -No.	Operation	Auswirkung
1.	Das Zeichen „=" in Zelle B5 eingeben	=
2.	Mausklick auf B1: Bezug B1 wird in die Formeln eingetragen	=B1
3.	Multiplikationszeichen „*" eintippen	=B1*
4.	Mausklick auf A5: Bezug A5 wird in die Formel eingetragen	=B1*A5
5.	Additionszeichen „+" eintippen	=B1*A5+
6.	Mausklick auf B2: Bezug B2 wird in die Formel eingetragen	=B1*A5+B2

Selbst die Eingabe von Formeln kann man graphisch, d.h. via Mausunterstützung realisieren: Statt etwas mühselig die Koordinaten der Zellen zu bestimmen, z.B. B1,

B2 etc., kann man direkt auf die entsprechenden Zellen *während der Formeleingabe* klicken, Excel übernimmt den Zellenbezug. Für das vorige Beispiel vgl. Tabelle 7.

Technische Gemüter ziehen womöglich die rein-mathematische Eingabe bzw. Anpassung der Formeln vor. Via graphisches Editieren ist man jedoch viel näher an der menschlichen Intuition, welche weniger in Variablen (B1, B2, etc.) denkt als in Begriffen (Steigungskoeffizient, etc.).

2.2.3   Formeln und Fortschreiben: F2-Enter-Technik, Festsetzen von Zellen

Das Fortschreiben von Zellen wie im obigen Abschnitt 2.1.3 ist die große Stärke von Excel. Enthalten die Zellen Formeln, so werden diese erwartungsgemäß ebenfalls im Zuge der Fortschreibung angepasst. Im Beispiel aus den Bildern weiter unten ist neben der Spalte x mit fortlaufenden Werten -1, 0, 1, etc. die Spalte „x+1" implementiert, mit der ersten Zelle/Formeln „=A3+1", d.h. den x-Wert um 1(Eins) erhöhen. Das Fortschreiben der Zelle B3 (z.B. via „Bobbele"-Doppelklick) führt zum zweiten Bild von links - alle Werte aus A3 bis A5 wurden in B3 bis B5 um 1(Eins) erhöht. Offenbar passt Excel beim Fortschreiben von Formeln die Zellen automatisch an. Dies kann man via graphisches Editieren F2 in den Zellen B4 und B5 prüfen (Bilder drei und vier von links). Mit dem Fortschreiben werden somit die Formeln automatisch dem Zielbereich angepasst, d.h. relativ weitergeführt. Dies trifft auch auf das Kopieren von Zellen mit Formeln zu. Ist dieses Verhalten i.d.R. sehr willkommen, so gibt es Situationen in denen man eine feine Steuerung wünscht, z.B. sollen einige Zellen angepasst werden während andere Zellen fest bleiben sollen, d.h. Excel möchte bitte keine automatische Anpassung vornehmen.

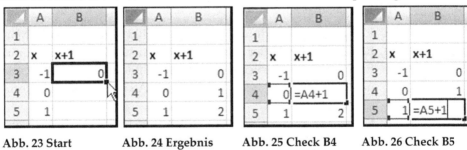

Abb. 23 Start   Abb. 24 Ergebnis   Abb. 25 Check B4   Abb. 26 Check B5

Kehren wir zur linearen Gleichung y=m*x + n zurück und schreiben die Zelle B5 in die Zellen B5-B8 fort (siehe Bild unten links), so stellen wir fest, dass Excel für das Erste unrichtige Ergebnisse (Zelle B6) bzw. Fehler (Zellen B7, B8) produziert. Da das Fortschreiben von Zahlen/Formeln eine der wichtigsten Operationen mit Excel darstellt, ist die Fehlerbehebung in einem solchen Fall ebenfalls genauso wichtig. Gesucht ist also eine Methode welche die Formeln (i.d.R. einer Zellen-Spalte) der Reihe nach durchleuchtet und idealerweise die Zusammensetzung der Formeln verständlich macht. Das graphische Editieren von Zellen via Taste F2 stellt einen ersten Schritt dar, ist jedoch statisch. Die Ergänzung zu F2 stellt die Taste Enter dar.

	A	B
1	m=	2
2	n=	3
3		
4	x	m*x+n
5	-1	1
6	0	0
7	1	#WERT!
8	2	#WERT!

	A	B
1	m=	2
2	n=	3
3		
4	x	m*x+n
5	-1	=B1*A5+B2
6	0	0
7	1	#WERT!
8	2	#WERT!

	A	B
1	m=	2
2	n=	3
3		
4	x	m*x+n
5	-1	1
6	0	=B2*A6+B3
7	1	#WERT!
8	2	#WERT!

	A	B
1	m=	2
2	n=	3
3		
4	x	m*x+n
5	-1	1
6	0	0
7	1	=B3*A7+B4
8	2	#WERT!

Abb. 27 Start   **Abb. 28 F2 für B5**   **Abb. 29 Enter+F2**   **Abb. 30 Enter+F2 etc.**

Die Technik mit der man am schnellsten die Excel-Spalten analysieren kann, ist die „F2-Enter"-Technik, eine Zusammensetzung aus der F2-Taste für die graphische Anzeige/Analyse einer Formel und Enter (Eingabetaste) für den Sprung in die nächste Zelle.

Schritte für die F2-Enter Technik:

- Positioniere den Zeiger auf die erste Zelle der Spalte die zu prüfen ist.

  Im Beispiel oben die Zelle B5 (erstes Bild links).

- Positioniere einen Finger der linken Hand auf die F2 Taste und einen Finger der rechten Hand auf die Enter-Taste (Eingabe-Taste). Dabei noch keine Taste drücken.

- Abwechselnd die Tasten F2 und Enter betätigen, beginnend mit F2.

  Im Beispiel oben:

  a. F2 auf Zelle B5 gedrückt ergibt das 2. Bild von links oben. Man beachte die Bezüge B1 und B2 der Formel (zusätzlich zu A5), graphisch umrahmt.

  b. Enter- und F2-gedrückt führt zum 3. Bild von links. Man beachte hier die neuen Bezüge B2 und B3 der Formel (A6 ist korrekt), wiederum graphisch umrahmt.

  c. Erneut Enter- und F2-drücken führt zum 4. Bild von links. Man beachte hier die neuen Bezüge B3 und B4 der Formel (einzig A7 ist korrekt), wiederum graphisch umrahmt.

- Ergebnis: Der Verlauf der Formelbezüge wird dynamisch auf dem Bildschirm dargestellt.

  Im Beispiel siehe die Bilder 2 bis 4. Für das Beispiel stellen wir fest, dass

  a. die Zellbezüge B1/B2 bzw. B2/B3 bzw. B3/B4 von der Fortschreibung angepasst wurden. In diesem Fall ist dies nicht gewünscht, da die Koeffizienten m und n konstant bleiben müssen.

  b. die Bezüge A5, A6, A7 mitgeführt werden. Im vorliegenden Beispiel sind dies die x-Werte die mit der Fortschreibung richtigerweise angepasst werden.

Der Vorteil der F2-Enter-Technik liegt auf der Hand: Gewährleistet wird damit die graphische Nachvollziehbarkeit der Zusammensetzung von Formeln in einer Fortschreibungsreihe.

Für unser Beispiel haben wir damit die Fehlerquelle identifiziert: In der anfänglichen Formel B5 werden die Zellen B1 (für den m-Wert) und B2 (für den n-Wert) während der Fortschreibung von B4 nach B8 fälschlicherweise fortlaufend angepasst. Zum Vergleich: Die Zelle A5 (der x-Wert) wird in der Fortschreibung ebenfalls angepasst, dies ist aber richtig.

Um das Anpassen einzelner Zellen in einer Fortschreibung (z.B. „Bobbele"-Doppelklick) zu unterbinden, versieht man in Excel den Zellenbezug mit geeigneten $-Zeichen (Dollar-Zeichen). Dafür editiere man die erste Zelle B5 der Spalte mit der Taste F2, ändere man die Zellen B1 → \$B\$1 sowie B2 → \$B\$2 (siehe linkes Bild unten) und schreibe daraufhin via „Bobbele"-Doppelklick die Zelle B5 fort (2. Bild unten):

	A	B
1	m=	2
2	n=	3
3		
4	x	m*x+n
5	-1	=\$B\$1*A5+\$B\$2
6	0	0
7	1	#WERT!
8	2	#WERT!

Abb. 31 Festsetzen \$

	A	B
1	m=	2
2	n=	3
3		
4	x	m*x+n
5	-1	1
6	0	0
7	1	#WERT!
8	2	#WERT!

Abb. 32 „Bobbele" ...

	A	B
1	m=	2
2	n=	3
3		
4	x	m*x+n
5	-1	1
6	0	3
7	1	5
8	2	7

Abb. 33 ...Doppel-Klick!

Das Ergebnis im Bild oben rechts erscheint numerisch plausibel. Prüft man das Ergebnis mit der F2-Enter Technik ergeben sich folgende 3 Bilder:

	A	B
1	m=	2
2	n=	3
3		
4	x	m*x+n
5	-1	=\$B\$1*A5+\$B\$2
6	0	3
7	1	5
8	2	7

Abb. 34 F2 in Startzelle B5

	A	B
1	m=	2
2	n=	3
3		
4	x	m*x+n
5	-1	1
6	0	=\$B\$1*A6+\$B\$2
7	1	5
8	2	7

Abb. 35 Enter + F2

	A	B
1	m=	2
2	n=	3
3		
4	x	m*x+n
5	-1	1
6	0	3
7	1	=\$B\$1*A7+\$B\$2
8	2	7

Abb. 36 Enter + F2 etc.

Offenbar werden die Zellen $B$1 und $B$2 im Zuge der Fortschreibung wegen der $-Zeichen nicht mehr verändert. Die genaue Bedeutung der $-Zeichen als Zusatzangabe zur Zellen-Notation ist im Kontext dieses Beispiels wie folgt:

- A5: Wird kein $-Zeichen verwendet, so werden beim Fortschreiben/Kopieren von Zellen die Zellbezüge angepasst, also relativ verschoben.

  Beispiel: Siehe oben die Zelle A5, welche nach A6, A7 etc. angepasst wurde.
  Verwendung: Beim senkrechten und/oder waagerechten Fortschreiben/Kopieren von Zellen, falls diese angepasst werden sollen.

- $B$1: Wird sowohl der Spalte als auch der Zeile ein $-Zeichen vorangestellt, so werden beide beim Fortschreiben/Kopieren nicht geändert.

  Beispiel: Im obigen Beispiel bleiben $B$1 und $B$2 unverändert.
  Verwendung: Für jegliche Richtung des Fortschreibens/Kopierens – senkrecht, waagerecht – wird der Zellenbezug nicht geändert.

- B$1: Wird der Zeile ein $-Zeichen vorangestellt so wird diese beim Fortschreiben/Kopieren nicht geändert.

  Beispiel: Im obigen Beispiel blieben B$1 und B$2 unverändert, falls man auf das Festsetzen der Spalte verzichten würde.
  Verwendung: Das Festsetzen der Zeile ist nur für senkrechtes Fortschreiben/Kopieren von Zellen interessant, um Zeilen als nicht änderbar zu kennzeichnen.

- $B1: Wird der Spalte ein $-Zeichen vorangesetzt so wird die Spalte beim Fortschreiben/Kopieren nicht verändert, die Zeile jedoch beim senkrechten Verlauf schon.

  Beispiel: Für das obige Beispiel würde dieses Festsetzen nicht ausreichen.
  Verwendung: Das Festsetzen der Spalte ist nur für waagerechtes Fortschreiben/Kopieren von Zellen interessant, um Spalten als nicht änderbar zu kennzeichnen.

Die obige Reihenfolge des Festsetzens von Zellbezügen ist auch die Reihenfolge der Wichtigkeit für die alltägliche Verwendung. Diese Reihenfolge ist auch in der Implementierung der F4-Taste des nächsten Unterabschnittes berücksichtigt.

2.2.3.1 Festsetzen $ mit der Taste F4

Das Festsetzen von Zellen via $-Zeichen wird häufig genutzt, da auch das Fortschreiben von Zellen in Excel häufig vorkommt. Manuelles Ändern von Zellenbezügen in einer Excel-Formel ist trickreich, da man die entsprechenden Stellen der Zellbezüge treffen – sich also genau vor der Spalte/Zeile positionieren – muss. Excel bietet als Unterstützung die Verwendung der Taste F4 an – man braucht sich nur in der Nähe des zu bearbeitenden Zellbezugs zu befinden um mit der F4-Taste die $-Zeichen zu setzen.

Tabelle 8 Festsetzen $ von Excel-Zellen – Rundgang mit der F4-Taste

	Operation	Ergebnis	Anpassungen beim Fortschreiben
0.	Ausgangslage, Zellbezug B1 ist nicht festgesetzt.	=B1*A5+$B$2 Bem: Mauszeiger um B1	Waagerechte und senkrechte Anpassung
1.	Taste F4 drücken und loslassen	=$B$1*A5+$B$2	Keine Anpassung beim Fortschreiben.
2.	Erneut Taste F4 drücken und loslassen	=B$1*A5+$B$2	Senkrechte Fortschreibung: Keine Änderung der Zelle.
3.	Erneut Taste F4 drücken und loslassen	=$B1*A5+$B$2	Waagerechte Fortschreibung: Keine Änderung der Zelle.
4.	*Wiederholung 0.:* Erneut Taste F4 drücken und loslassen	=B1*A5+$B$2 *Schritt 0. erreicht*	*Situation des Schrittes 0. erreicht, siehe oben.*
...	Etc.	Etc.	Etc.

Die F4-Taste läuft somit den Zyklus B4 → $B$4 → B$4 → $B4 → B4 → $B$4 → etc. durch.

2.3 Spezielle Techniken

2.3.1 Funktionsassistent aufrufen und verwenden

Die von Excel zur Verfügung gestellten Funktionen können entweder als Formel eingegeben oder über den Funktionsassistenten aufgerufen werden. Der Aufruf über den Funktionsassistenten hat den Vorteil graphisch zu sein und zu den einzelnen Schritten eine brauchbare Hilfestellung zu bieten.

Für den Aufruf des Funktionsassistenten braucht man lediglich die f_x-Schaltfläche zu klicken, im nachfolgenden Bild mit 3 Mauszeigern markiert:

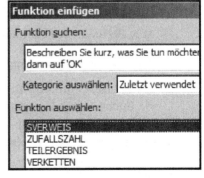

Abb. 37 Funktionsassistent im Menü   **Abb. 38 Aufruf Funktionsassistent**

Auf dem darauf sich öffnenden Fenster „Funktion einfügen" (vgl. Bild rechts) kann man im unteren Teil „Funktion auswählen" die gewünschte Funktion wählen. Excel bietet folgende Handhabung an, um sich in der Fülle von Excel-Funktionen zurecht zu finden:

- unter „Funktion suchen" eine wenig leistungsfähige Suchhilfe
- unter „Kategorie auswählen" eine brauchbare Kategorisierung und
- unter „Funktion auswählen" die Funktionen selbst.

Die Suche selbst überzeugt nicht in jedem Fall, Beispiel: Lässt man nach dem Wort „Verweis" suchen, so würde man erwarten auf der Trefferliste u.a. die Funktionen Verweis, SVerweis und WVerweis zu finden (siehe Kapitel 6).

Auf der von Excel gelieferten Trefferliste fehlt jedoch WVerweis und nicht alle restlichen Funktionen der Trefferliste haben einen erkennbaren Zusammenhang zu Verweise.

2.3.1.1   Funktionsassistent: Kategorie auswählen

„Kategorie auswählen" hat als voreingestellte Wahl „Zuletzt verwendet". Um weitere Funktionen angezeigt zu bekommen, muss man die Kategorie im Zweifelsfall auf „Alle" stellen, ggf. geeignete Unterkategorien anwählen. Damit filtert man direkt die im Fenster „Funktion auswählen" angezeigten Excel-Funktionen, vgl. folgendes Bild.

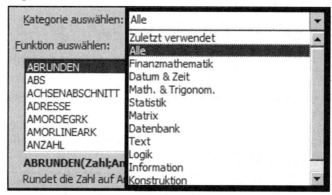

Abb. 39 Funktionen zur Kategorie

2.3.1.2   Funktionsassistent: Funktion auswählen

In der Liste „Funktion auswählen" werden die Excel-Funktionen angezeigt, welche via Suche oder „Kategorie auswählen" aufgefunden wurden. In diesem Fenster kann man durch Eintippen eines Buchstabens direkt zu den Funktionen gelangen, die mit diesem Anfangsbuchstaben beginnen.

Beispiel: Die Einstellung „Kategorie auswählen" sei „Alle". Tippt man ins Fenster „Funktion auswählen" den Buchstaben F ein, so positioniert sich der Mauszeiger auf die erste Funktion beginnend mit F: Fakultät.

2.3.1.3   Funktionsassistent: Mehrwert aufgerufene Funktion

Der Nutzen des Funktionsassistenten ist schnell erkennbar für komplexe Funktionen, z.B. SVerweis: Wird SVerweis über den Funktionsassistenten aufgerufen, so erhält man folgendes Dialog-Fenster zu dieser Funktion:

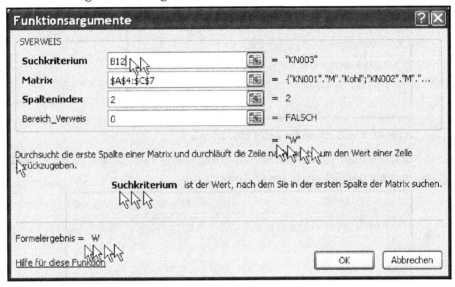

Abb. 40 Eingabehilfe für Funktion (Beispiel)

Daraus erkennt man schnell

- Was die Funktion leistet (im Bild ist die Beschreibung mit einem Mauszeiger markiert)
- Welche Parameter erforderlich sind (im Bild einfachheitshalber nur der erste Parameter mit 2 Mauszeigern markiert)
- Die Beschreibung des angewählten Parameters, mit 3 Mauszeigern markiert
- Sowie – falls man alle Parameter eingetragen hat – das von der Funktion berechnete Ergebnis, gleich unterhalb der Parameter und auch separat unter „Formelergebnis" (im Bild mit 4 Mauszeigern markiert).

Im Zweifelsfall kann man schnell die Hilfestellung für die aufgerufene Funktion anfordern, im Fenster links unten als Hyperlink erkennbar.

Tipp: Das Ändern des Aufrufs einer Excel-Funktion, z.B. die Parameter, kann man ebenfalls über den Funktionsassistenten erreichen. Dazu einfach den Mauszeiger in die betreffende Zelle positionieren und den Funktionsassistenten via f_x - Schaltfläche anfordern; der Assistent springt direkt ins Fenster für die Funktion.

Insgesamt bietet sich der Funktionsassistent an, um schneller und fehlerfrei(er) zu arbeiten.

2.3.2 AutoSumme

Für das automatische Erkennen der aufzusummierenden Zellen stellt Excel die Schaltfläche AutoSumme bereit, in Excel 2007 unter Formeln → (Funktionsbibliothek) → AutoSumme zu finden:

Abb. 41 AutoSumme im Excel 2007 Menü

Betätigt man diesen Schaltknopf unterhalb einer Zahlenkolonne, so bietet Excel die Summe der Zellen in dieser Kolonne an:

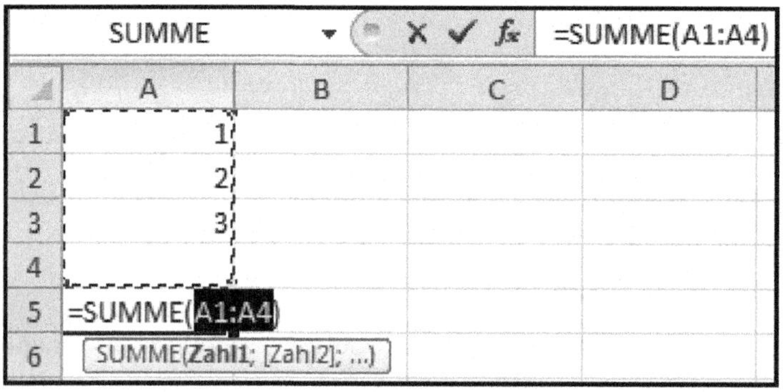

Abb. 42 Autosumme: Vorschlag Summierung

Sehr brauchbar erweist sich der Vorschlagscharakter – der aufzusummierende Bereich kann entweder verändert oder mit der Eingabetaste bestätigt werden, vgl. den markierten Bereich im obigen Bild.

Im Zusammenhang mit gruppierten Summen (siehe Kapitel 7), erweist sich die AutoSumme ebenfalls als sehr nützlich: AutoSumme summiert nur die Teilsummen auf.

2.3.3 Kumulierte/Aufgelaufene Summen

Aufgelaufene Summen zu bilden ist eine häufige Aufgabenstellung in Excel. Tatsächlich lässt sich mit den aufgelaufenen Summen fast das gesamte Controlling technisch abbilden. Zum Beispiel interessiert jedes Unternehmen, wie sich der Jahresumsatz entwickelt: Im Bild links befindet sich ein Ausschnitt der

▲	A	B	C
1	Monat	monatl. Umsatz	Umsatz kummuliert
2	Januar	10.002,00 €	
3	Februar	20.002,00 €	
4	März	30.002,00 €	

▲	A	B	C
1	Monat	monatl. Umsatz	Umsatz kumuliert
2	Januar	10002	=SUMME($B$2:B2)
3	Februar	20002	=SUMME($B$2:B3)
4	März	30002	=SUMME($B$2:B4)

Abb. 43 Beträge zu kumulieren   **Abb. 44 Kumulieren mit $ linkes Ende**

Monatsumsätze; gefragt ist deren Summierung von Januar an bis zum laufenden Monat. Die Lösung besteht darin, die Summen-Funktion mit festgesetzter Anfangszelle zu verwenden:

$$= Summe(\$Spalte\_Anfang \ \$Zeile\_Anfang; Spalte\_Ende \ Zeile\_Ende)$$

siehe die Formeln in C2, C3 und C4 im rechten Bild. Durch das Festsetzen der Anfangszelle wird diese beim „Bobbele"-Fortschreiben der Summe nicht geändert, d.h. verbleibt beim Ursprung des zu summierenden Bereichs.

Diese Technik ist stabil, z.B. bzgl. Sortierung der Zeilen.

2.3.4 Daten Einfügen – Erweiterte Optionen

Ist eine Zelle oder ein Datenbereich in Excel kopiert worden (vgl. Kapitel 2.1.2), z.B. mit Strg-C, so bietet Excel deutlich mehr Optionen an für das Einfügen der Daten. Versionsunabhängig kann man via Kontext-Menü[5] → Inhalte einfügen... eine Vielzahl von Optionen anwählen, im Bild rechts aufgeführt. Die geläufigsten sind:

- Alles: Ist nichts anderes als das normale Einfügen, also die Tastenkombination Strg-v. Diese Option fügt Werte, Formeln, Formatierung und weitere Elemente (z.B. Kommentare) in den Zielbereich oder die Zielzelle ein.
- Werte: Wenn man die via Formeln berechneten Werte sichern will, um Änderungen zu verhindern (Datenabzug), dann bietet sich diese Option an. Die eventuellen Formeln gehen dadurch verloren.
- Kästchen Transponieren: Die Zeilen werden mit den Spalten vertauscht, die gute alte Matrix-Operation.
- Druck-Taste Verknüpfen: Im Zielbereich wird via Zuweisung auf die Quellzellen Bezug genommen. Jede Änderung der Quellzellen schlägt sich somit im Zielbereich nieder.

---

5   Das Kontext-Menü ruft man auf durch das Klicken der rechten Maustaste.

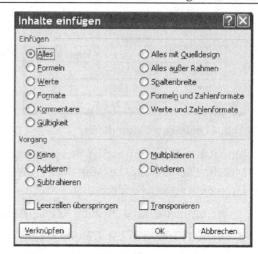

Abb. 45 Kontext-Menü   **Abb. 46 Optionen Einfügen**

2.4 Datenmodellierung: Inhaltliche Strukturierung von Excel-Dateien

Lernziele: 1. Strukturierung von Excel-Blättern

2. Arbeiten mit mehreren Excel-Blättern: Fenstern und 3D-Technik

Zum Schluss, aber nicht zuletzt: Alle Excel-Techniken müssen in einem Gesamtkontext angewandt werden um eine konsistente und schlüssige Lösung in Excel zu haben. Ein Vergleich zum Neubau eines Hauses soll dies besser verdeutlichen:

Tabelle 9 Architektur: Vergleich Excel <--> Hausbau

Excel	Hausbau
Datenmodellierung	Architektur des Hauses
Excel-Techniken	Bauarbeiten

Die Strukturierung der Daten, Formeln und Berechnungen werden mit dem Begriff Datenmodellierung zusammengefasst. Das Datenmodell – der Aufbau – einer Excel-Datei gliedert sich in Datenmodellierung eines Excel-Blattes und die Modellierung der Blätter einer Excel-Datei.

2.4.1 Datenmodellierung: Ein Excel-Blatt

Eine Excel-Datei kann man als Zusammensetzung Ihrer Excel-Blätter auffassen. Die Excel-Blätter sind somit die Bausteine, das Fundament einer Excel-Datei; eine schlechte Strukturierung der Blätter zieht eine unverständliche und ggf. fehlerhafte Excel-Datei nach sich. Die Excel-Blätter hingegen kann man sich als mit Datenbereichen gepflastert vorstellen. Nach welchen Prinzipen sollen Excel-Blätter mit Datenbereichen versehen werden? Die Idealvorstellung für den Aufbau eines Excel-Blattes ist im folgenden Bild dargestellt.

◢	A	B	C	D	E	F
1	Nominalbetrag	60.000,00 €				
2	Nominalzinssatz **1**	5,25%				
3				Restschuld: **4**		58.682,12 €
4	Rate monatl: **2**	312,50 €				
5						
6	Monat **3**	Restschuld Beginn Periode	Rate	Zins	Tilgung	Restschuld Ende Periode
7	0					60.000,00 €
8	1	60.000,00 €	312,50 €	262,50 €	50,00 €	59.950,00 €

Abb. 47 Datenmodellierung: Typischer Aufbau eines Excel Blattes

Die einzelnen Bereiche habe folgende Bedeutung:

- **1** **Kopfdaten - Eingabedaten**: Jedes Excel-Blatt beginnt mit den Kopfdaten. Dies sind Daten, welche die folgenden Berechnungen maßgeblich beeinflussen (Steuerdaten). In der Regel werden diese Daten außerhalb Excel bestimmt, d.h. sie sind für Excel Eingabedaten.

a. Für die Bestimmung der Eingabeparameter ist eine gründliche Analyse der Aufgabenstellung unabdingbar: Was ist gegeben?, Was soll ermittelt werden?, etc.

b. Änderungen an den Eingabedaten müssen die weiteren Berechnungen maßgeblich beeinflussen.

c. Die Eingabedaten mit einer Kurzbeschreibung versehen.

- **2** **Kopfdaten – hergeleitete Steuerparameter**: Dieser unmittelbar an den Eingabedaten angrenzende Bereich wird verwendet um weitere Steuerdaten aus den Eingabedaten herzuleiten.

→ Auf dieses Herleiten wirken sich Gepflogenheiten, gesetzliche Vorschriften (z.B. Umsatzsteuersatz = 19%), naturwissenschaftliche Gesetze oder sonstige Gesetzmäßigkeiten aus.

- **3** **Berechnungen**: In dem restlichen Bereich des Blattes folgen i.d.R. die Berechnungen, mit starker Anwendung von Formeln Aufstellen und Zellen Fortschreiben.

a. Effizient aufstellen lässt sich dieser Bereich durch die Strategie für die Aufstellung von Datenspalten: Erst die Richtspalte via Ziehen von Zellen Fortschreiben, wonach der „Bobbele"-Doppelklick für die weiteren Spalten zur Verfügung steht, siehe Kapitel 2.1.3.

b. Offenbar muss in diesem Teil auf die Kopfdaten konsequent Bezug genommen werden, anderenfalls ist kein funktionaler Zusammenhang zwischen Eingabeparameter und Berechnungen/Ergebnis vorhanden[6]. Änderungen der Eingabedaten müssen Anpassungen der Berechnungen nach sich ziehen.

c. Für das Beispiel im Bild oben: Die Rate in Zelle C8 nimmt Bezug auf die „Rate monatl." In den Kopfdaten, d.h. C8 = $B$4.

- **4** **Ergebnisse**: Die Ergebnisse des Excel-Blattes sind i.d.R. am unteren Ende des Berechnungs-Bereichs zu finden. Um auf diese hinzuweisen sollten die Ergebnisse in den Kopfzeilen des Blattes samt einer Kurzbeschreibung geholt werden.

Die Modellierung von Excel-Blättern im Sinne der obigen Punkte stellt den Schlüssel dar für den effizienten Einsatz von Excel. Anders als im naturwissenschaftlichen Bereich sind die oben vorgestellten Bereiche – Kopfdaten, Berechnungen, etc. – eines Excel-Blattes mit Unschärfe behaftet.

2.4.2 Datenmodellierung: Mehrere Excel-Blätter

Die Gliederung einer Excel-Datei in mehreren Blättern richtet sich nach den folgenden Prinzipien:

- Jedes Objekt der Aufgabenstellung in ein eigenes Excel-Blatt implementieren.

  → Dadurch richtet sich die Excel-Datei nach den inhaltlichen Aspekten der Aufgabenstellung. Dies ermöglicht nicht nur eine übersichtliche Lösung, sondern ggf. auch eine einfachere Anpassung der Excel-Datei an Veränderungen der Aufgabenstellung.

- Teile und Beherrsche: komplexe Sachverhalte in kleinere Teile aufspalten, um die Komplexität zu beherrschen.

  a. Durch dieses Prinzip soll verhindert werden, dass alle Berechnungen in einem Excel-Blatt landen, obwohl einige Berechnungen untereinander unabhängig sind.

  b. Für einfache Aufgabenstellungen macht es allerdings keinen Sinn, mehrere Excel-Blätter zu verwenden. Teile-und-Beherrsche somit in Maßen anwenden.

Wie die Strukturierung eines Excel-Blattes des vorigen Abschnittes, ist die Strukturierung einer Excel-Datei in Excel-Blätter ebenfalls mit einer Unschärfe behaftet: die Entscheidung, ob ein Sachverhalt wegen der Komplexität auf mehrere Blätter verteilt werden soll, hat auch einen subjektiven Charakter.

---

6 Ohne den Bezug auf die Kopfdaten könnte man das Ganze auch in ein Textverarbeitungsprogramm als „toten Text" eintippen … .

2.4.2.1   Arbeiten mit mehreren Excel-Blättern

Um mit mehreren Excel-Blättern auf einmal zu arbeiten, ermöglicht Excel die Anzeige mehrerer Fenster und verallgemeinert die Formeleingabe über Excel-Blätter hinaus. Im Detail: Im Excel2007-Menü unter Ansicht→(Fenster)Neues Fenster (im Bild links mit einem Pfeil markiert) kann man eine beliebige Anzahl von Fenstern innerhalb von Excel generieren. Ein kleiner Stolperstein: Nach Aufruf des Befehls „Neues Fenster"(erzeugen …) tut sich allem Anschein nach nichts auf dem Bildschirm – das ursprüngliche Bild/Fenster bleibt davon unberührt. Excel unterscheidet zwischen dem Erzeugen eines neuen Fensters (welches dann hinter dem aktuellen verborgen wird) und der Anzeige aller Fenster auf dem Bildschirm. Den letzteren Befehl „Alle anordnen" findet man gleich unterhalb des Befehls „Neues Fenster", siehe die 2-Pfeile-Markierung im Bild unten links. Wählt man „Alle anordnen", so erscheint die Auswahl im 2. Bild rechts:

Abb. 48 Fenster anordnen   **Abb. 49 Anordnen Optionen**

Excel bietet folgende Arten an die Fenster anzuzeigen:

1. Unterteilt: Excel versucht die Fenster waagerecht und senkrecht bestmöglich auf dem Bildschirm unterzubringen.
2. Horizontal: Die Fenster werden waagerecht untereinander auf dem Bildschirm angezeigt.
3. Vertikal: Die Fenster werden senkrecht untereinander auf dem Bildschirm angezeigt.
4. Überlappend: Die einzelnen Fenstern überlappen sich von der Ecke links oben beginnend.

Die interessantesten Optionen sind 1. bis 3. Um beim Beispiel des vorherigen Abschnitts zu bleiben:

• Über den Menüpunkt „Ansicht" vermöge „Neues Fenster" (markiert mit 1 Pfeil im obigen Bild) ein neues Fenster generieren

• Wieder Menüpunkt „Ansicht" anwählen und darin „Alle anordnen" lässt Excel die Anordnungs-Optionen anzeigen (obiges Bild rechts). In diesem Fenster die Option Vertikal anwählen

Die Schritte ergeben folgendes Bild:

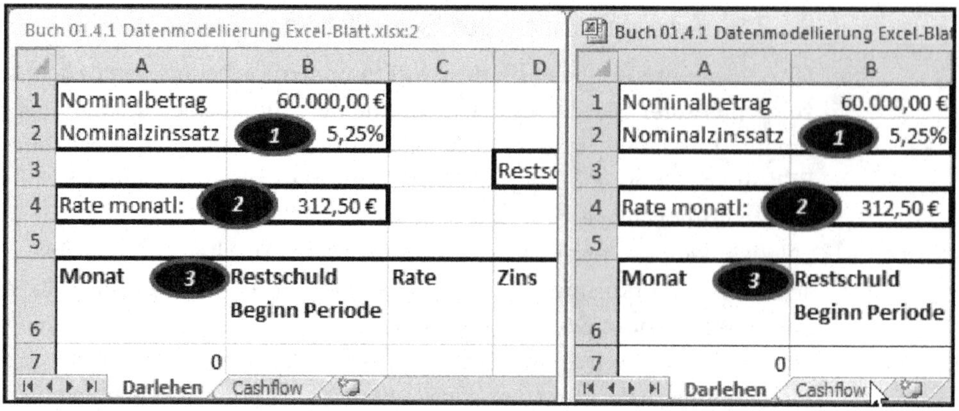

Abb. 50 Arbeiten mit mehreren Blättern: In eigenen Fenstern einblenden

Klar ist, dass das Excel-Blatt „Darlehen" nun im rechten und linken Fenster vorkommt. Um im rechten Fenster das Blatt „Cashflow" einzublenden, muss man
lediglich in dieses Fenster klicken und das Blatt aktivieren (Klick auf den Blatt-
Reiter, siehe Mauszeiger im obigen Bild rechts). Mit diesen Vorbereitungen lassen
sich die beiden Blätter nun bequem und intuitiv bearbeiten - im obigen Bild wird
in die Zelle A4 des Cashflow-Blatts der Wert der Zelle A4 des Darlehens-Blattes
eingefügt: Wie für eine Formel üblich, wird dies durch das „="-Zeichen eingeleitet.
Sinnvollerweise arbeitet man weiter mit dem graphischen Editieren von Formeln
(vgl. Kapitel 2.2.2), d.h. mit dem Mauszeiger die Zelle A6 des Blattes Darlehen
anwählen und mit der Eingabetaste bestätigen.

Abb. 51 Blattübergreifende Formel

Die verallgemeinerte Syntax für Zellenbezüge ist aus dem rechten Fenster ebenfalls
ersichtlich: Wird blattübergreifend gearbeitet, setzt man in Excel den Blattnamen
vor dem Zellenbezug, als Trennzeichen dient das Ausrufezeichen „!". Also

<Blatt-Name> ! <Zelle>

Beispiel: Die Zelle Darlehen!B1 enthält den Wert 60.000,00 EUR.

Enthält der Name eines Blattes ein Leerzeichen, so muss der gesamte Name in einfachen Anführungszeichen '<Blatt-Name>' eingefasst werden, damit Excel das Leerzeichen korrekt einordnen kann.

2.4.2.2   3D-Arbeiten mit Excel-Blättern

Über das parallele Anzeigen und Bearbeiten von Excel-Blättern hinaus bietet Excel folgende Möglichkeit, gleichzeitig die gleichen Änderungen an mehreren Blättern vorzunehmen:

1. Markiere die Excel-Blätter, die gleichzeitig geändert/editiert werden sollen.
2. Auf einem beliebigen Blatt der markierten Excel-Blätter daraufhin die Änderungen vornehmen.
3. Aufheben der Änderungen an allen markierten Blättern: Um das gleichzeitige Editieren der Blätter zu beenden, muss man deren Markierung aufheben. Dies geschieht durch das Klicken eines anderen[7] Excel-Blattes. Falls kein solches Blatt vorhanden ist, hilft der Trick weiter, ein leeres Blatt anzulegen und darauf zu klicken, ggf. danach zu löschen.

Getreu der Zielsetzung auf allen markierten Objekten die Operationen durchzuführen, sind vom Editieren im Schritt 2 alle Blätter betroffen. Schritt 3 „Aufheben des Editierens aller Blätter" ist in der täglichen Arbeit mit Excel wichtig, weil man am Ende des gleichzeitigen Editierens häufig vergisst, die Markierung aufzuheben – die Konsequenz ist, dass die Blätter weiterhin gleichzeitig geändert werden.

Folgendes Beispiel soll das gleichzeitige Editieren von Excel-Blättern näher erläutern: Gesetzt den Fall

- einer A, B, C – Klassifizierung von Produkten
- mit jedem Produkt auf einem eigenen Excel-Blatt untergebracht
- wobei die Blätter den gleichen Aufbau aufweisen

Vergleicht man die folgenden drei Bilder, so ist es nur konsequent, den Wert der jeweiligen Produktgruppen zu bestimmen.

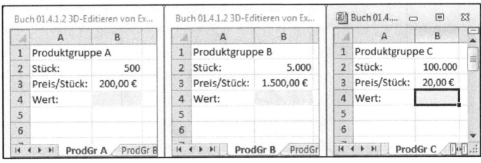

Abb. 52 Gleichzeitiges Editieren von Blättern: Markiere Blätter und editiere Zelle

---

7   Anderes Excel-Blatt bedeutet: Ein Excel-Blatt, welches nicht in der markierten Gruppe enthalten ist.

Die erste Option besteht darin, jedes Blatt einzeln anzuwählen und in die Zelle B4 die Formel für Stück * Preis/Stück einzutragen. Klar ist, dass selbst in diesem einfachen Beispiel dies mit Mühe verbunden ist (selbst Copy & Paste macht die Operation nicht schneller/bequemer oder fehlerfreier). Die ähnliche Strukturierung von Excel-Blättern wie in der obigen Abbildung kommt in der Praxis häufig vor. Dies nimmt man zum Anlass für das gleichzeitige Editieren derselben, in unserem Beispiel der 3 Excel-Blätter:

- Markiere die relevanten Blätter: Wie beim Markieren von Excel-Zellen entweder die Umschalttaste oder Steuerung-Taste gedrückt halten und die Excel-Blätter mit dem Mauszeiger anklicken, wie in Kapitel 2.1.2 beschrieben.
- Auf einem beliebigen Blatt der markierten Gruppe die relevante Formel eintragen:

	A	B
1	Produktgruppe A	
2	Stück:	500
3	Preis/Stück:	200,00 €
4	Wert:	=B2*B3

Abb. 53 Formel für alle 3 Blätter

- Die markierte Gruppe von Excel-Blättern auflösen – nicht vergessen!, anderenfalls wirken sich alle weiteren Änderungen auf alle markierten Blätter aus!
- Um die Markierung von Excel-Blättern aufzuheben, reicht es einfach in ein anderes Excel-Blatt zu klicken (siehe Punkt 3. oben).

Die Bezeichnung „3D-Arbeiten" mit Excel-Blättern, speziell die „3 Dimensionen", stammt von folgender Vorstellung: Die X/Y-Achsen stellen die Ebene eines Excel-Blatts dar, die Z-Achse stellt man sich als Senkrechte dazu, praktisch durch die bestehenden Blättern einfädelnd:

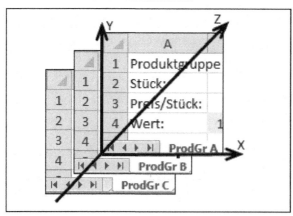

Abb. 54 Vorstellung für 3D-Editieren

2.4.2.3 3D-Formelbezüge (Vermeiden!, Besser: Konsolidierung)

Vollständigkeitshalber werden die 3D-Formelbezüge im Kontext des Arbeitens mit Blättern behandelt. Die wichtigsten Gründe dafür sind:

a. Microsoft positioniert die 3D-Formelbezüge an sichtbarer Stelle (z.B. im gleichen Atemzug mit der Konsolidierung, siehe Kapitel 8) und die referenzierende Literatur schließt sich dieser Positionierung an.

b. Der Einsatz von 3D-Formelbezügen hat nicht intuitive Auswirkungen auf die Korrektheit von Excel-Dateien; tatsächlich reicht ein Umsortieren der Blätter, um Formeln mit 3D-Bezügen unrichtig werden zu lassen. Auf diesen Umstand wird leider weder von Microsoft noch in der Literatur hinreichend hingewiesen.

Der Autor empfiehlt, von den 3D-Formelbezügen Abstand zu nehmen und stattdessen die vorhin erwähnte Konsolidierungs-Funktion zu verwenden. Eilige Zeitgenossen können daher diesen Abschnitt getrost überspringen.

Um in Formeln auf mehreren Blättern gleichzeitig Bezug nehmen zu können, erlaubt Excel analog zur Intervallangabe von Zellen auch die Intervallangabe von Excel-Blättern. Eine Gegenüberstellung[8]:

Tabelle 10 Analogie Adressierung von Zellen und Blätter

Zellen-Intervall	Blätter-Intervall
Summe(A1 : A9)	Summe(ProdGrA : ProdGrC ! B4)

Die Semantik der Summe in der ersten Spalte ist klar: Es werden alle Zellen A1 bis A9 des aktuellen Arbeitsblattes aufaddiert. Die Bedeutung der Formel in der 2. Spalte ist analog: Alle B4-Zellen der Excel-Blätter zwischen 'ProdGrA' und 'ProdGrC' werden aufaddiert. Der Doppelpunkt trennt die Intervallenden sowohl für Zellen als auch für Blätter.

Fehlerquelle: Für die 3D-Formelbezüge spielt die Reihenfolge der Blätter in einer Excel-Datei eine wichtige Rolle: Falls zwischen den Blättern 'ProdGrA' und 'ProdGrC' sich zusätzlich zu 'ProdGrB' weitere Blätter befinden, so werden diese von dem 3D-Formelbezug miterfasst(!).

Kombinationen von Blätter-Intervallen und Zellen-Intervallen sind auch möglich:

Beispiel: Die Formel Summe(ProdGrA:ProdGrC! A1:A9) summiert alle Zellen von A1 bis A9 auf allen Blättern zwischen 'ProdGrA' und 'ProdGrC'.

Die oben genannte Fehlerquelle bleibt offenbar erhalten. Die 3-dimensionale Vorstellung des vorigen Abschnittes bleibt für die 3D-Formelbezüge unverändert.

---

8 Der besseren Lesbarkeit wegen wurden Leerzeichen zwischen den einzelnen Bestandteilen der Formeln eingefügt, speziell vor und nach den Zeichen : (Doppelpunkt) und ! (Ausrufezeichen). Im alltäglichen Arbeiten mit Excel würde man darauf verzichten.

Fazit: Wegen des instabilen Charakters der 3D-Formelbezüge – unwillkürlich ein weiteres Blatt in das Intervall eingerückt und schon ist die ursprüngliche Semantik verloren – ist diese Funktionalität nicht zu empfehlen: Die meisten Excel-Benutzer sind zu Recht überrascht, wenn sich beim Umsortieren von Excel-Blättern Formel-Ergebnisse ändern, da dies nicht der Intuition entspricht.

Für die Zusammenfassung von mehreren Excel-Blättern sei an dieser Stelle auf die Konsolidierungs-Funktion verwiesen, siehe Kapitel 8. Die Konsolidierungs-Funktion hat auch den Vorteil, dass sie auch Quellbereiche in unterschiedlicher Sortierung korrekt bearbeiten kann, wohingegen die 3D-Formelbezüge auf die gleiche Struktur der Blätter angewiesen ist.

2.5   Tastenkürzel und Tastenkombinationen

Zusammenfassend eine Übersicht nützlicher Tastenkombinationen.

Tabelle 11 Nützliche Tastenkürzel

Tastenkom- bination	Verwendung	Kommentar
Strg-a	allgem. gültig	Markiert alle Zellen/Daten
Strg-c	allgem. gültig	Kopiert markierte Zellen oder Daten
Strg-x	allgem. gültig	Schneidet die markierten Zellen aus
Strg-v	allgem. gültig	Fügt die kopierten/ausgeschnittenen Daten ein.
Strg-z	allgem. gültig	Macht die letzte Operation rückgängig.
„Ende"-Pfeil-nach-Unten	Navigation	Springt ans *untere* Ende des Datenbereichs. Taste „Ende" muss losgelassen werden
„Ende"-Pfeil-nach-Oben	Navigation	Springt ans *obere* Ende des Datenbereichs. Taste „Ende" muss losgelassen werden
„Ende"-Pfeil-nach-Rechts	Navigation	Springt ans *rechte* Ende des Datenbereichs. Taste „Ende" muss losgelassen werden
„Ende"-Pfeil-nach-Links	Navigation	Springt ans *linke* Ende des Datenbereichs. Taste „Ende" muss losgelassen werden
F4	Formeln	Festsetzen $ der Zellenbezüge einer Formel, durchläuft Kombinationen Zeile/Spalte.
Steuerungs-Taste (Strg)	Markieren	Markiert alle **einzelnen Zellen** der darauf-folgenden Navigationsschritte
Umschalttas-te, Shift	Markieren	Markiert den *Zellenbereich* der darauf-folgenden Navigationsschritte.
F2 oder Dop-pelklick	Formeln	Prüft/Zeigt die Formel einer Zelle an (Gleich-wertig: Doppelklick auf Zelle)
F2-Enter Technik	Formeln, Fort-schreiben	Abwechselnd F2-Enter drücken, durchläuft eine Zellen-Fortschreibung zwecks Kontrolle.

2.6 Fehlerquellen und Hilfe im Fehlerfall

Leider erfolgen die meisten Fehler in Excel aus der falschen Anwendung der Techniken des vorliegenden Kapitels. Die Beherrschung der aufgeführten Techniken stellt somit eine unabdingbare Basis für das effiziente Arbeiten mit Excel dar.

2.6.1 Das Fenster zeigt die oberen Zeilen nicht an

Situation: Lässt man sich von Excel ein Blatt anzeigen, so werden die oberen Zeilen nicht angezeigt.

Problem: Selbst bei wiederholter Betätigung von Bildschirmlauf-nach-Oben (scrolling up) werden die Zeilen partout nicht eingeblendet/angezeigt.

Abhilfe: Prüfen, ob das Fenster fixiert wurde. Falls das Fenster fixiert wurde, muss dies rückgängig gemacht werden, ggf. das Fenster nach einblenden der gewünschten Zeilen erneut fixieren.

Aufgabe: In der Datei „Fehler 02.6.1 Fenster zeigt obere Zeile(n) nicht an.xlsx" (siehe [ZM]) lassen Sie sich auch die ersten Zeilen anzeigen.

2.6.2 Zweifel an der korrekten Implementierung einer Formel: Formel zerlegen

Situation: Eine Formel produziert offensichtlich nicht das gewünschte Ergebnis und der Fehler in der Formel fällt einfach nicht auf.

Problem: Excel verfügt nicht über eine 2-dimensionale[9] Eingabe von mathematischen Formeln, sondern erwartet die Formel in einer Zeile von links nach rechts. Dies erfordert eine Umstellung von z.B. Brüchen und Exponenten. Ein kleines Beispiel ist in Tabelle 12 zu sehen.

Tabelle 12 Zweifel an der Implementierung einer Formel

Lfd. No.	Mathematik	Excel – FALSCH	Excel – richtig:
1.	$\dfrac{A + B}{C + D}$	= A+B / C+ D	= (A + B) / (C + D)
2.	2^{a+b}	= 2 ^ a + b	= 2 ^(a+b)

Abhilfe: Fällt der Fehler in der Formel selbst nach längerem Suchen nicht auf, so empfiehlt es sich, nicht mehr Zeit auf den Strukturbruch von Excel zur Mathematik zu verbringen, sondern die verdächtige Formel kurzerhand in Bestandteile über mehrere Zellen zu zerlegen.

Generell sollte man auf eine ausgewogen Länge bzw. Komplexität einzelner Formeln achten, ggf. durch Verwendung von bzw. Auslagerung in mehreren Zellen.

---

9 D.h. Hoch- und Tiefstellung wie z.B. im Bruch $\frac{A}{B}$ oder gar in der Exponential-Notation $(x + a)^{n+1}$ ist in Excel nicht möglich.

| E3 | ▼ | f_x | =B1+B2/B3+B4 |

▲	A	B	C	D	E	F	G	H
1	A=	1						
2	B=	4		**Mathematik**	Excel - FALSCH:	A+B	C+D	$\dfrac{A+B}{C+D}$
3	C=	2		$\dfrac{A+B}{C+D}$	6	5	5	1
4	D=	3						

Abb. 55 Fehlerhafte Excel-Formel (vgl. Funktionsleiste)

Für das erste Beispiel in der obigen Tabelle würde man den Bruch wie folgt in Formel-Bestandteile zerlegen:

- Ausgang:

  a. Die Zellen B1 bis B4 beinhalten die Werte für A, B, C und D.

  b. Der erste Wurf die mathematische Formel $\frac{A+B}{C+D}$ zu implementieren, ist in Zelle E3 widergegeben und augenscheinlich falsch

- Formel auseinander nehmen:

  a. In Zelle F3 die Summe A+B ausrechnen, also

$$F3 = B1 + B2 \quad \text{(mit 1 Mauszeiger markiert)}$$

  b. In Zelle G3 die Summe C+D ausrechnen, also

$$G3 = B3 + B4 \quad \text{(mit 2 Mauszeiger markiert)}$$

  c. und schließlich in Zelle H3 das Ergebnis der Division berechnen, also

$$H3 = G3 / F3 \quad \text{(mit 3 Mauszeiger markiert)}$$

Aufgabe: In der Datei „Fehler 02.6.2 Formel auseinander nehmen.xlsx" (siehe [ZM]) vollziehen Sie bitte die obigen Schritte nach.

2.6.3 Überschreiben von Spalten via „Bobbele"-Ziehen-Fortschreibung

Situation: Nach der Fortschreibung via „Bobbele"-Ziehen scheinen mehrere Spalten als beabsichtigt verändert worden zu sein.

Problem: Bei der Fortschreibung selbst wurde während des Herunterziehens der Zellen versehentlich in eine weitere Spalte ausgewichen.

Abhilfe:

- Fortschreibung rückgängig machen mit Strg-z.
- Überlegen, ob nicht Fortschreibung via „Bobbele"-Doppelklick in Frage kommt; falls ja, diese Technik anwenden, anderenfalls
- Fortschreibung via „Bobbele"-Ziehen neu aufsetzten.

Aufgabe: In der Datei „Fehler 02.6.3 Fortschreibung Spalten überschreiben.xlsx" (siehe [ZM]) vervollständigen Sie die mittlere Spalte via „Bobbele"-Ziehen und vergewissern sich, dass die benachbarten Spalten nicht überschrieben wurden. Welche Methode ist einfacher und weniger fehleranfällig: „Bobbele"-Ziehen oder „Bobbele"-Doppelklick?

2.6.4   F2-Enter falls fortgeschriebene Zellen fehlerhaft

Situation: Nach der Fortschreibung („Bobbele"-Ziehen oder -Doppelklick) sehen die fortgeschriebenen Zellen fehlerhaft aus bzw. weisen einen #-Fehler auf (z.B. den Excel-Fehler #WERT).

Problem: Die fortgeschriebenen Formel(n) waren nicht für die Fortschreibung tauglich vgl. Kapitel 2.2.3, ggf. in Kombination mit dem Muster der Fortschreibung vgl. Kapitel 2.1.3.1.

Abhilfe: Am schnellsten und effektivsten hilft hier die F2-Enter Technik vgl. Kapitel 2.2.3.

Besondere Vorsicht ist geboten bei der Fortschreibung von Formeln in Kombination mit einem Muster, d.h.

- mehrere Zellen markieren, wovon mindestens eine Zelle eine Formel enthält
- und diese Zellen fortschreiben

Diese Kombination ist selten inhaltlich sinnvoll: Enthält z.B. die erste markierte Zelle einen Wert und die 2. Zelle eine Formel so bewirkt das Fortschreiben derselbe dass in den ungeraden Zellen Werte und in geraden Zellen die Formel fortgeschrieben wird.

Aufgabe: In der Datei „Fehler 02.6.4 F2-Enter falls fortgeschriebene Zellen fehlerhaft.xlsx" (siehe [ZM]) prüfen Sie bitte die Fehler in der Fortschreibung der 2. und 3. Spalte mit der F2-Enter Technik. Verbessern Sie anschließend die Formeln einschließlich erneuter Fortschreibung.

2.7   Übungsaufgaben

1. Arbeiten Sie die Excel-Dateien zum Kapitel aus dem Verzeichnis *ExcelDateienBuch* nach, Dateien unter [ZM].
2. Bewältigen Sie die Übungsaufgaben zum Kapitel im Verzeichnis *Uebungen*, siehe [ZM].
3. Ordnen Sie den Techniken des Kapitels eine Priorität zu, so dass die wichtigste Technik die Priorität 1(Eins) erhält, die zweit-wichtigste die Priorität die 2, etc. Wichtig bedeutet dabei, wie oft die Technik/Methode im alltäglichen Arbeiten mit Excel vorkommt.
4. Führen Sie Buch über die von Ihnen verwendeten Techniken an drei verschiedenen, „typischen" Arbeitstagen mit Excel und priorisieren Sie die obigen Techniken anhand dieser Aufzeichnungen. Vergleichen Sie Ihre Priorisierung mit der aus der vorigen Aufgabe!

Tipp: Die in den Top-3-Prioritäten ermittelten Techniken sind heiße Kandidaten, um die alltägliche Arbeit in Excel zu optimieren.

5. Testen Sie die Auswirkungen der Tastenkürzel aus Kapitel 2.5. Entscheiden Sie anhand der Tests, welche Tastenkürzel für Sie sinnvoll sind, um diese gezielt in der täglichen Arbeit anzuwenden.

3 Investitionsrechnung – Grundlagen

Lernziele: 1. Darlehenskalkulation als Grundlage der Investitionsrechnung

2. Nominalzinssatz, Rate, Tilgung, Restschuld, Zinsbindung

3. Darlehenskalkulation mit Excel, Darlehenskonto

Zum Aufbau des Kapitels: Im ersten Unterkapitel wird das Darlehen als die Grundlage einer Investitionsrechnung ausgearbeitet. Im zweiten Unterkapitel werden die inhaltlichen, betriebswirtschaftlichen Begriffe eingeführt, um im dritten die Kalkulation in Excel zu erläutern. Das Unterkapitel zum Umgang mit Fehlersituationen ist Standard. Da die Darlehenskalkulation wichtig ist, schließt das Kapitel mit zusätzlichen Hintergrundinformationen.

Eine Investition ist definiert durch folgende Schritte:

1. Beschaffung von Geld (=Investitionskapital) in der Gegenwart, um
2. dieses Geld für Ressourcen (typischerweise Produktionsmittel, z.B. CNC-Maschinen, aber auch Arbeitskraft, etc.) einzutauschen, Zeitraum: i.d.R. Gegenwart bis mittelfristig,
3. mit Hilfe deren Güter oder Dienstleistungen produziert werden sollen, welche dann gegen Geld eingetauscht werden, Zeithorizont für die Geldflüsse: mittel- bis langfristig.

Die Technologie stellt den üblichen Schwerpunkt einer Investition dar. Man beachte jedoch, dass in jedem obigen Schritt das Wort Geld vorkommt. Ohne Geldmittel keine Investition, selbst wenn die zugrundeliegende Technologie (Schritt 2.) bahnbrechend ist.

Eine weitere Besonderheit stellt die Fristigkeit der Geldflüsse dar: I.d.R. laufen Investitionen über einen längeren Zeitraum – Jahrzehnte sind keine Ausnahme – was den Vergleich der Geldflüsse von heute mit denen der Zukunft erschwert. Den Geldströmen entlang einer Investition widmet sich die Investitions*rechnung*.

Die Investitionsrechnung hat folgende Ziele:

- Erfassen aller Geldströme entlang der Schritte einer Investition
- Definition von Kennzahlen und Methoden, um eine Investition wirtschaftlich beurteilen zu können
- Die wirtschaftliche Vergleichbarkeit von Investitionen herstellen

3.1 Motivation

Um bei techniklastigen Ingenieuren eine Lanze für die Investitionsrechnung zu brechen: Die obigen Schritte beschreiben eine Investition in der Reihenfolge der

Ausführung; für den Entwurf einer Investition ist aus Techniker-Sicht die Produkt-/Technologie-Entwicklung (2. Schritt), sicherlich der reizvollste, wenn nicht gar der wichtigste überhaupt.

Werden jedoch die wirtschaftlichen Rahmenbedingungen gesprengt, zeigt also die Investitionsrechnung ein unwirtschaftliches Ergebnis, so gibt es keinen rational denkenden Investor, der die Investition tätigen würde: das Produkt bleibt im Entwurfsstadium. Die Einbeziehung der Investitionsschritte 1 und 3 – in der Literatur auch „Design-To-Cost" genannt – ist somit unabdingbar, anderenfalls wird die Produktentwicklung wg. Unwirtschaftlichkeit im Entwurfsstadium gestoppt.

Die Investitionsrechnung mag für Technikorientierte lästig sein, ist aber deutlich einfacher als die Entwicklung von Produkten und Technologien. Mit einer positiven Investitionsrechnung erhöhen sich die Chancen deutlich, das Produkt/die Technologie zur Marktreife und in den Markt zu bringen.

3.1.1   Eigen- oder Fremdkapital? Darlehen!

Wie in der Einleitung des Kapitels bemerkt, startet eine Investition mit der Beschaffung von Investitionskapital. Aus Unternehmenssicht kann dies Eigenkapital, Fremdkapital oder eine Kombination aus beiden sein. Hier stellt sich die Frage: Woher nehmen, mit Eigenkapital oder geliehenem Geld finanzieren?

Beispiel: Angenommen, das Unternehmen kann sich einen Kredit am Bankenmarkt zu 5% Zinsen beschaffen und dass zu diesem Zinssatz die Investition nicht wirtschaftlich wird; gesetzt weiterhin den Fall, dass das Unternehmen die Investition durch Eigenkapital bestreitet und mit einem kalkulatorischen Zinssatz von 3% rechnet, für welchen sich die Investition lohnen würde. Geht das Unternehmen dazu über, die Investition aus Eigenkapital zu bestreiten, ist die Eigenkapitalvernichtung offensichtlich: Statt der vom Markt geforderten 5% wird das Eigenkapital nur zu 3% investiert. Anders formuliert: Es würde sich für das Unternehmen eher lohnen das Geld zu 5% in eine vergleichbare Investition anzulegen als die eigene Investition zu 3% voranzutreiben

Die Lehre aus dem Beispiel lautet: Die Eigenkapital-Finanzierung darf nicht zu niedrigeren, besseren Konditionen erfolgen als die Fremdkapital-Finanzierung.

Finanziert sich eine Investition aus Eigenkapital, so muss man unterstellen, dass das Unternehmen die Mittel in Form von Darlehen zur Verfügung stellt, analog einer Bank. Diese Einsicht ist für Praktiker mitunter unbeliebt: Bei Finanzierung aus Eigenmitteln und mit einer lässigen Unternehmensführung werden die Rückzahlungen und/oder marktkonformen Zinsen nicht kontrolliert. Die Folge ist Vernichtung von Eigenkapital. Eine Bank hingegen achtet auf die korrekte Rückzahlung des geliehenen Geldes einschließlich der Zinsen, was Unternehmen auch tun sollten.

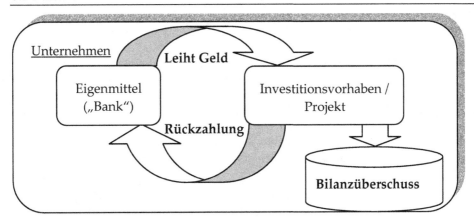

Abb. 56 Geldflüsse zw. Unternehmen und Investition

Für die Praxis bedeutet dies, dass das Unternehmen dem Investitionsvorhaben das Geld analog einer Bank ausleiht, dass die Investition dieses Darlehen zurückzahlen muss und darüber hinaus einen Bilanzüberschuss erwirtschaften sollte.

Finanziert sich eine Investition hingegen über Fremdkapital, i.d.R. also über ein Bankdarlehen, so muss man sich zwangsläufig mit der Darlehenskalkulation auseinandersetzen.

Die inhaltliche Schlussfolgerung dieses Abschnittes: Die Bewältigung der Darlehenskalkulation stellt die Grundlage für die Investitionsrechnung dar, unabhängig von der Eigen- oder Fremdmittel-Finanzierung.

Die Darlehenskalkulation ist – wie die Investitionsrechnung auch – für den Ingenieur mit naturwissenschaftlichem Studium inhaltlich nicht anspruchsvoll. Das notwendige Interesse hierzu muss selbst von Technikern aufgebracht werden.

Dabei bietet die Darlehenskalkulation auch ein zusätzliches Schmankerl an: Durch das Beherrschen dieser Technik gelangt man auf die Augenhöhe mit dem Banksachbearbeiter in der Darlehensverhandlung.

3.2 Darlehenskalkulation

Ein Annuitäten-Darlehen ist eine vertragliche Vereinbarung mit der Besonderheit, dass ein geliehener Betrag in gleichen Raten und gleichen Zeitabständen zurückgezahlt wird.

Da die Annuitäten-Darlehen die überwiegende Mehrheit der Darlehen darstellen, werden ausschließlich solche Darlehen betrachtet. Unter Darlehen wird im Folgenden ausschließlich Annuitäten-Darlehen verstanden, obwohl die meisten Begriffe (Darlehensbetrag, Laufzeit, etc.) und Methoden (Erstellen des Darlehenskontos) allgemein gültig sind.

Ursprünglich wurde mit Annuität Darlehen bezeichnet, die jährlich eine Rückzahlung vorsahen. Verallgemeinernd hat sich der Begriff Annuität bzw. Annuitäten-

Darlehen für Finanzverträge mit gleichen Rückzahlungsraten in gleichen zeitlichen Perioden durchgesetzt.

Die wichtigsten Fragen im Zusammenhang mit einem Darlehen:

- Wie wird die Rate bestimmt?
- Welche Zahlungen kommen auf den Darlehensnehmer zu?
- Wie groß ist die Restschuld zu Laufzeitende?
- Welchen Preis zahlt man für das Darlehen?
- Wie vergleicht man Darlehen untereinander?

Um diesen Fragenkomplex anzugehen, muss man sich mit den grundlegenden Begriffen der Darlehenskalkulation, die den Gegenstand der folgenden Abschnitte darstellen, vertraut machen. Diese werden daraufhin in Excel abgebildet.

3.2.1   Nominalbetrag des Darlehens, Darlehensbetrag

Der Nominalbetrag des Darlehens oder Darlehensbetrag ist der Betrag, auf den sich sämtliche Berechnungen beziehen, z.B. die Zinsberechnung[10]. In der Regel ist dies auch der Betrag der ausgezahlt wird, Ausnahmen wie der Disagio oder der Auszahlungsprozentsatz bestätigen diese Regel. Im vorliegenden Buch stimmt der Nominalbetrag mit dem Auszahlungsbetrag (falls nicht anders vermerkt) überein.

3.2.2   Nominalzinssatz, Zins

Grundsätzlich ist der Zinssatz (Maßeinheit „% p.a.", also jährlicher Prozentsatz) oder Zins (Maßeinheit eine Währung, z.B. EUR) der Preis, den man für das geliehene Geld bezahlen muss. Dieser Preis wird

- entweder absolut ausgedrückt, in welchem Fall man vom Zins oder Zinsbetrag spricht, oder
- relativ, in welchem Fall man es mit einem Prozentsatz – Zinssatz – zu tun hat, z.B. 5% p.a., d.h. 5% per anno.

Im alltäglichen Sprachgebrauch werden diese Begriffe gerne mit „Zins" abgekürzt, d.h. man muss aus dem Kontext erkennen, ob der Zins-Betrag oder der Zins-Satz gemeint ist.

Der Begriff „p.a." ist die Abkürzung von „per anno" und bedeutet „jährlich". Dieser Begriff hat sich eingebürgert für den Zeitbezug des Zinssatzes, d.h. der Zinssatz ist auf das Jahr bezogen. Zur Erinnerung: Die Annuitäten waren anfänglich auch nur „Jährlichkeiten", also im jährlichen Turnus fällig. Fehlt eine Angabe nach dem Prozentsatz so bedeutet dies, dass der Prozentsatz p.a. ist. Da die meisten Lockangebote und unfairen Finanzverträge nicht mit Zinssätzen p.a. arbeiten (z.B.

---

10 Für Puristen der Darlehenskalkulation: Eine Unterscheidung zwischen den verschiedenen Kapitalien des Darlehenskontos wie z.B. Zinsberechnungskapital, Restschuld, etc. wird im vorliegenden Buch nicht vorgenommen.

p.m. = per Monat, ist optisch billiger) werden die Zinssätze im vorliegenden Buch mit der Einheit der zugrunde liegenden Periode betrachtet.

Der Zusammenhang zwischen Zinssatz (Prozentzahl) und Zins-Betrag einer Periode ist gegeben durch

$$Zins = Restschuld\ (Anfang\ Periode) * Zinssatz$$

Beispiel: Für 100 EUR mit 4% auf 1 Jahr angelegt ergibt sich der Zins von 4 EUR für das Jahr.

Für Bruchteile einer Periode wird linear gerechnet: Für das vorige Beispiel beträgt der aufgelaufene Zins für die ersten 9 Monate des Jahres

$$100\ EUR * 4\% * \frac{9}{12} = 3\ EUR$$

3.2.3 Anfänglicher Tilgungssatz, Rate und Tilgung, Restschuld

Wie unter Nominalzinssatz erläutert, fordert der Geldgeber einen „Miet"-Preis für die Überlassung des Geldes. Üblich ist auch eine Rückzahlung des geliehenen Kapitals zu vereinbaren, was sich in dem anfänglichen Tilgungssatz niederschlägt. Der anfängliche Tilgungssatz wird für die Berechnung der jährlichen Rate verwendet:

$$Rate = Darlehensbetrag * (Nominalzinssatz + anfänglicher\ Tilgungsatz)$$

Alle Angaben sind p.a., also jährlich, speziell also Nominalzinssatz und anfänglicher Tilgungssatz.

Die obige Formel bringt die inhaltliche Zusammensetzung der Rate recht gut auf den Punkt: Der erste Term

$$Darlehensbetrag * Nominalzinssatz$$

stellt den Preis für das Überlassen des Geldes dar, der Term

$$Darlehensbetrag * anfänglicher Tilgungssatz$$

die Höhe der Rückzahlung oder Rückführung des geliehenen Geldes.

Der Tilgungssatz ist wichtig für das Vergleichen von Darlehen: I.d.R. werben die Banken nur mit einem Nominalzinssatz in den Fensterangeboten. Um auch diese Angebote kalkulieren zu können, muss man 1% als anfänglichen Tilgungssatz ansetzen, dieser wird von den Banken standardmäßig unterstellt.

Diese Aufgliederung der Rate trifft nur für den Beginn des Darlehens zu, mit fortschreitenden Raten verschiebt sich das Verhältnis zwischen Zins und Tilgung. Dabei ist die Tilgung definiert als

$$Tilgung = Rate - Zins$$

Der Tilgungsbetrag – das, was von der Rate nach Abzug des „Miet"-Zinses übrigbleibt – geht in den Schuldendienst und reduziert direkt die vorhandene Restschuld:

$$Restschuld\ (Ende\ Periode) = Restschuld(Anfang\ Periode) - Tilgung(Periode)$$

Offenbar gilt für den Anfang der Berechnung

$$Restschuld\ (Ende\ Periode\ 0) = Darlehensbetrag$$

3.2.4   Laufzeit eines Darlehens – die Zinsbindung

Unter Laufzeit eines Darlehens versteht man die zeitliche Gültigkeit der Konditionen wie in den vorigen Unterabschnitten, speziell in dem des Nominalzinssatzes. In der Finanzbranche findet man dafür den Begriff Zinsbindung, d.h. für diesen Zeitraum ist der Nominalzins garantiert.

Somit bedeutet die Laufzeit nicht, dass man schuldenfrei wird nach dem Entrichten der Raten während dieser Periode. Eine eventuelle Restschuld zu Laufzeitende muss ebenfalls beglichen werden.

3.3   Darlehenskalkulation in Excel – Das Darlehenskonto

Der Kontoplan oder das Darlehenskonto ist eine zeitliche Übersicht der Entwicklung der Darlehensrestschuld. Die Größen der vorigen Unterabschnitte fließen in die Berechnung als Eingabeparameter ein oder werden berechnet:

- Eingabeparameter: Nominalbetrag, Nominalzinssatz, ggf. anfängliche Tilgung, Laufzeit, Periodizität der Rate.
- Berechnete Größen: Restschuld, Zinsen, Tilgung.

Die Vorgehensweise wird in diesem Abschnitt anhand des folgenden Beispiels Schritt für Schritt dargestellt : Ein Bank-Angebot lautet 60.000 EUR zu 5,25% Nominalzinssatz für 10 Jahre.

3.3.1   Schritt 1: Kopfdaten

Als Eingangsgrößen werden erwartet: Nominalbetrag, Nominalzinssatz, anfänglicher Tilgungssatz Laufzeit, Periodizität der Rate (monatlich, vierteljährlich, jährlich, etc.). Ist der anfängliche Tilgungssatz nicht angegeben so ist es in der Branche üblich, 1% anzusetzen.

	A	B	C
1	Nominalbetrag	60.000,00 €	
2	Nominalzinssatz	5,25%	
3	Anfänglicher Tilgungssatz	1%	
4	Laufzeit	10	Jahre

Abb. 57 Kopfdaten Darlehen

3.3.2   Schritt 2: Kopfdaten Berechnungen

Direkt aus den Kopfdaten lässt sich die jährliche Rate errechnen als

$$Rate = Darlehensbetrag * (Nominalzinssatz + anfänglicher\ Tilgungsatz)$$

ggf. muss dieser Betrag an die Periode angepasst werden, also durch 12 zu teilen falls Rate monatlich fällig ist und durch 4, falls vierteljährlich, etc.:

◢	A	B	C
1	Nominalbetrag	60.000,00 €	
2	Nominalzinssatz	5,25%	
3	Anfänglicher Tilgungssatz	1,00%	
4	Laufzeit	10	Jahre
5			
6	Rate jährlich:	3.750,00 €	
7	Rate monatlich:	312,50 €	

Abb. 58 Kopfdaten: Abgeleitete Daten

3.3.3 Schritt 3: Berechnung: Spaltenüberschriften

Folgende Spalten werden benötigt für die Darlehenskalkulation:

◢	A	B	C	D	E	F
1	Nominalbetrag	60.000,00 €				
2	Nominalzinssatz	5,25%				
3	Anfänglicher Tilgung	1,00%				
4	Laufzeit	10	Jahre			
5						
6	Rate jährlich:	3.750,00 €				
7	Rate monatlich:	312,50 €				
8						
9						
10	Monat	Restschuld Beginn Periode	Rate	Zins	Tilgung	Restschuld Ende Periode

Abb. 59 Spaltenüberschriften für Datenteil

Man beachte die inhaltliche Reihenfolge der Spalten:

- Die Spalte für die Monate steht an erster Stelle, da die Berechnung eine monatliche Übersicht der Entwicklung des Darlehens darstellt.
- „Restschuld Beginn Periode" stellt die Restschuld zu Beginn der betrachteten Periode dar, daher als nächste Spalte.
- Die Spalten für die Rate und für den Zins. Die Ratenzahlung und die Zinsberechnung stellen die Grundlage für die folgenden Spalten dar.
- Tilgung: Folgt inhaltlich auf Rate und Zins und wird für die nächste Spalte „Restschuld Ende Periode" benötigt.

- „Restschuld Ende Periode": Die Restschuld zu Ende der Periode, definiert als die Restschuld zu Beginn der Periode abzüglich der in der Periode geleisteten Tilgung.

Getreu dem Prinzip, jedem betriebswirtschaftlichem Objekt (bzw. Größe) eine eigene Abbildung zuzuordnen, wurden alle Größen einzeln aufgelistet. Darüber hinaus hat die Restschuld im Rechenschema sogar zwei Spalten zugeteilt bekommen, für den Betrag zu Beginn und zu Ende der Periode. Naturwissenschaftliche oder ungeduldige Naturen mögen aufgrund der Tipparbeit mit dem Argument hadern, dass das Formelwerk durchaus in wenigeren Spalten untergebracht werden könnte, z.B. eine einzige Spalte ausreichen[11] würde.

Dem stehen folgende Argumente für das ausführliche Berechnungsschema entgegen:

- Bei der Lösung mit nur einer Spalte wird die Formel in dieser Spalte durchaus komplex, d.h. es werden unnötige Fehlerquellen aufgemacht.
  → In der Lösung mit der ausführlichen Übersicht der Spalten sind die Formeln sehr übersichtlich.
- Das vorgestellte Rechenschema weist alle relevanten Größen einzeln aus. Diese werden in künftigen Schritten weiter verwendet.
  → Kommen die obigen Größen nur implizit in einer Formel vor, so ist deren Isolierung für den weiteren Gebrauch nur mit zusätzlicher Mühe und weiterer Fehlerquellen verbunden.
- Last but not least: Die „Restschuld Beginn Periode" und „Restschuld Ende Periode" separat aufzuführen, ist aus Gründen der Übersicht und – schon wieder – der Fehlervermeidung unvermeidbar. Tatsächlich ist eine weitverbreitete Fehlerquelle die Verwechslung dieser beiden Restschuld-Spalten als Bezugsgröße für die Zinsberechnung oder Tilgung: Unter Zeitdruck die relevante Restschuld auszusuchen, ist mit der doppelten Spaltenausführung weniger fehleranfällig
  → Nicht zu vergessen ist der Anspruch, das Excel-Blatt auch nach ein paar Wochen/Monaten noch verstehen[12] zu wollen. Mit dem separaten Ausweis der Restschuld zu Beginn und zu Ende der Periode – und überhaupt, aller betriebswirtschaftlichen Objekte – ist dies gegeben.

3.3.4   Schritt 4: Überschriften fixieren

Wie in den Grundlagen zu Excel, Kapitel 2.1.1.2, erläutert, dient das Fixieren des Fensters der Übersicht überhaupt. In der Darlehenskalkulation ist dies ein guter Zeitpunkt, die Zeile 10 mit den Kopfdaten zu fixieren, vorausahnend,

---

11 Wird hier nicht erläutert, da der Abbildung eines jeden Objektes (Nominalzinssatz, Rate, etc.) Vorrang gegeben wird.

12 Aber vielleicht sollte auch ein Vorgesetzter oder Kunde die Excel-Berechnungen schnell und einfach nachvollziehen können.

	Monat	Restschuld Beginn Periode	Rate	Zins	Tilgung	Restschuld Ende Periode
10						
11						

Abb. 60 Spaltenüberschriften fixieren

dass in den folgenden 120 Zeilen (=10 Jahre a 12 Monate) einiges an Datenmaterial entstehen wird. Vergisst man das Fenster-Fixieren an dieser Stelle, empfiehlt sich dieser Schritt von selbst, sobald die Spaltenlänge unübersichtlich wird.

3.3.5 Schritt 5: Berechnung – Monate

Die eigentliche Darlehenskalkulation startet mit dem Aufstellen des Zeitstrahls, im vorliegenden Fall der Monate, siehe Bild. Die Schritte sind wie in den Grundlagen zu Excel, Kapitel 2.1.3:

- Manuelles Einfügen des Anfangs der Zeilenreihe 0, 1 in den Zellen A11 bzw. A12.
- Markieren dieser Zellen und „Bobbele" anklicken sowie 120 Zeilen (=10 Jahre a 1 Monat) manuell hinunterziehen.

Durch die Vorgabe der ersten beiden Zahlen der Reihe stellt man sicher, dass Excel die Regel der Zahlenreihe – inkrementiere jeweils mit Eins – richtig mitgeteilt bekommt. Das Ergebnis der Fortschreibung – beginnend nur bei einer Zahl, z.B. Null – ist abhängig von der Excel-Version und von den lokalen Einstellungen: Mal wird hochgezählt, mal die Zahl selbst kopiert.

	Monat	Restschuld Beginn Periode	Rate	Zins	Tilgung	Restschuld Ende Periode
10						
11	0					
12	1					
13	2					
14	3					

Abb. 61 Monate als Muster markieren und fortschreiben

3.3.6 Schritt 6: Berechnung Monate 0 und 1 (Initialisierung)

Ist die erste Spalte im vorigen Schritt erstellt, so kann diese als Grundlage für die „Bobbele"-Doppelklick Fortschreibung dienen. Dieser Abschnitt beschreibt die Anfangs-Formeln, die fortgeschrieben werden sollen. Die Zeile zum Monat 0 ist einfach: Die „Restschuld Ende Periode", Zelle F11, wird aus der Zelle B2 Nominalbetrag zugewiesen, entsprechend dem Prinzip die Kopfdaten in der Berechnung zu verwenden (Zuweisung vgl. Kapitel 2.3.4, Aufzählungspunkt 4).

▲	A	B	C	D	E	F
1	Nominalbetrag	60.000,00 €				
2	Nominalzinssatz	5,25%				
3	Anfänglicher Tilgungssatz	1,00%				
4	Laufzeit	10	Jahre			
6	Rate jährlich:	3.750,00 €				
7	Rate monatlich:	312,50 €				
10	Monat	Restschuld Beginn Periode	Rate	Zins	Tilgung	Restschuld Ende Periode
11	0					60.000,00 €
12	1	60.000,00 €	312,50 €	262,50 €	50,00 €	59.950,00 €

Abb. 62 Die Daten der ersten Zeile(n)

Die Zeile zum Monat 1 (Excel-Zeile 12):

- „Restschuld Beginn Periode" im Monat 1 ist die „Restschuld Ende Periode" Monat 0, daher die Zuweisung B12 = F11, siehe Pfeil im Bild.
- „Rate" wird direkt aus den Kopfdaten via Zuweisung übernommen, also C12 = $B$7. Weil die Zeile zum 1. Monat fortgeschrieben werden soll, in der C12-Formel die B7-Zelle gleich mit $ festsetzen, vgl. Kapitel 2.2.3.1
- Der Zins berechnet sich lt. Formel (zu beachten die Anpassung an Monate) Zins = „Restschuld Beginn Periode" * Zinssatz / 12, in Excel-Formeln:
  D12 =   B12   * $B$2   / 12,
  mit Nominalzinssatz B2 aus den Kopfdaten und gleich mit dem $-Zeichen festgesetzt.
- Die Tilgung ist per Definition E12 = B12 – D12.
- Die „Restschuld Ende Periode" lt. Definition: F12 = B12 – E12.

Somit steht die erste Zeile des Darlehenskontos. Der Monat Null trägt dem Umstand Rechnung, dass der Darlehensbetrag zu Beginn der Zeit fließt – „heute" also, Zeitpunkt Null.

3.3.7   Schritt 7: Berechnung Monat 1 Fortschreiben

Die Vorbereitungen des vorigen Abschnitts können in diesem Abschnitt für die „Bobbele"-Doppelklick-Fortschreibung der Zellen verwendet werden. Dafür die erste Zeile B12-F12 des Darlehenskontos markieren und am rechten unteren Ende das „Bobbele" doppelklicken, vgl. Kapitel 2.1.3. Die Spalte A gibt Excel vor, bis wohin die Fortschreibung erfolgen soll.

Für die Fortschreibung selbst kann man folgende Optionen wählen:

- die Spalten einzelnen fortschreiben, von links nach rechts um den „Bobbele"-Doppelklick verwenden zu können, oder
- den Zeilen-Bereich B12:F12 markieren und den „Bobbele"-Doppelklick auslösen. Offenbar ist diese Variante ergonomischer.

	A	B	C	D	E	F
10	Monat	Restschuld Beginn Periode	Rate	Zins	Tilgung	Restschuld Ende Periode
11	0					60.000,00 €
12	1	60.000,00 €	312,50 €	262,50 €	50,00 €	59.950,00 €
13	2	59.950,00 €	312,50 €	262,28 €	50,22 €	59.899,78 €
14	3	59.899,78 €	312,50 €	262,06 €	50,44 €	59.849,34 €
15	4	59.849,34 €	312,50 €	261,84 €	50,66 €	59.798,68 €
16	5	59.798,68 €	312,50 €	261,62 €	50,88 €	59.747,80 €

Abb. 63 Fortschreiben der Zeile 12, Muster Restschuld Beginn/Ende Periode

IT-Profis erkennen in diesem Beispiel auch die Excel-Technik für die Abbildung von repetitiven Strukturen: Die „Über-Kreuz"-Zuweisung B12 = F11 hat zu den diagonalen Zuweisungen geführt (im Bild mit Pfeilen dargestellt).

3.3.8 Schritt 8: Berechnung – Ende

Das Ergebnis der bisherigen Berechnungen ist die Restschuld zum Laufzeitende. Diese beträgt genau 52.131,15 EUR, was für den anfänglichen Kontakt mit der Darlehensberechnung überraschend erscheint: In 10 Jahren wurde mit nur 7.868,85 EUR kaum etwas zurückgezahlt. Die Auto-Summen der Raten, Zinsen und Tilgungen zeigen, dass der Löwenanteil von 29.631,15 EUR in die Zinszahlungen geht. Angesichts des i.d.R. hohen Restschuld-Betrages, ist eine aufmerksame Kalkulation der Darlehen dringend geboten.

	A	B	C	D	E	F
10	Monat	Restschuld Beginn Periode	Rate	Zins	Tilgung	Restschuld Ende Periode
129	118	52.382,23 €	312,50 €	229,17 €	83,33 €	52.298,90 €
130	119	52.298,90 €	312,50 €	228,81 €	83,69 €	52.215,21 €
131	120	52.215,21 €	312,50 €	228,44 €	84,06 €	52.131,15 €
132		Restschuld zu Laufzeitende: Wird von Bank mit der letzten Rate eingefordert				
133		Summen:	37.500,00 €	29.631,15 €	7.868,85 €	

Abb. 64 Das berechnete Darlehenskonto

Ferner ist das Darlehenskonto die Grundlage aller Finanzierungsbetrachtungen, z.B. für die Cashflow-Berechnung des nächsten Kapitels.

3.4 Fehlerquellen und Hilfe im Fehlerfall

3.4.1 Das Darlehenskonto sieht offensichtlich fehlerhaft aus

Situation: Nach der Fortschreibung der Zellen sieht das Darlehenskonto offensichtlich falsch aus, mit vielen unbeabsichtigten Gatterzaunzeichen #.

Problem: Warum klappt es mit den ersten Zeilen und danach nicht mehr? Das Festsetzen von Zellen wurde vergessen, ggf. sind einige Formeln falsch.

Abhilfe: Die „F2-Enter"-Technik verwenden, um die noch festzusetzenden ($) Zellen zu ermitteln, ggf. via F2 die Formeln auf Richtigkeit prüfen.

Aufgabe: In der Datei „Fehler 03.6.1 Darlehenskonto Kraut und Rüben.xlsx" (siehe [ZM]) prüfen Sie bitte das Formelwerk für die Darlehenskalkulation und entsprechend auch die Fortschreibung.

3.4.2 Änderungen an den Eingabeparameter sind wirkungslos

Situation: Häufig werden in der Planungs- oder Angebots-Phase Änderungen an den Eingabeparameter vorgenommen.

Problem: Änderungen an den Eingabeparameter schlagen sich nicht auf das Darlehenskonto nieder. Dies ist i.d.R. darauf zurückzuführen, dass die entsprechenden Excel-Zellen nicht in die Kalkulation eingebunden wurden und stattdessen nur die Zahlenwerte eingetragen wurden. Statt z.B. in der Spalte Rate die Zelle $B$7 anzugeben, wurde direkt der Wert 312,50 EUR eingetragen.

Abhilfe: Die ersten Zeilen der Berechnung auf Formeln prüfen.

Aufgabe: In der Datei „Fehler 03.4.2 Änderungen an Parametern wirkungslos.xlsx" (siehe [ZM]) prüfen Sie bitte, ob Änderungen an den Eingangs-Parameter sich auf die Kalkulation auswirken und stellen sie ggf. diese Eigenschaft her.

3.5 Weitere Betrachtungen zu den Darlehen

3.5.1 Disagio und Auszahlungsprozentsatz

Die Finanzbranche hat den Kunden (und sich selbst auch …) das Leben durch gezielte Verschleierungstaktiken schwer gemacht. Eine davon läuft darauf hinaus, nicht den Nominalbetrag auszuzahlen, sondern Abschläge vorzunehmen. Diese Abschläge können direkt als Betrag angegeben werden – Disagio, „Zins vorab" – oder als Auszahlungsprozentsatz, z.B. Auszahlung 98%. Die inhaltliche und rechentechnische Handhabung von Auszahlungsprozentsatz und Disagio lässt sich anhand eines Beispiels am ehesten begreifen: Im Kontext des obigen Darlehens 60.000 EUR, 5,25% über 10 Jahre und 1% anfängliche Tilgung, wollen wir die Berücksichtigung des Auszahlungsprozentsatzes 98% erfassen:

1. Der ausgezahlte Darlehensbetrag beträgt 98% von 60.000 = 58.800 EUR.
2. Die Berechnung startet jedoch mit einer Restschuld von 60.000 EUR. Zur Erinnerung: von diesem Betrag wird die Zinsberechnung abgeleitet und diesen gilt es zu tilgen.
3. Die Auswirkungen von Disagio und Auszahlungsprozentsatz kann man nur mit den Methoden des Kapitels 5, speziell Barwertmethode, erfassen. Der Effektivzinssatz weicht erheblich vom Nominalzinssatz ab.
4. Im Endeffekt kann es vorkommen, dass die Restschuld am Ende der Laufzeit den Auszahlungsbetrag übersteigt(!).

3.5.2 Konsumentenkredite und unterjährige Zinssatz-Angaben

Die Laufzeit eines Darlehens kann als grobes Erkennungsmerkmal herangezogen werden, um Annuitäten-Darlehen in Kategorien einzuteilen.

3.5.2.1 Immobilienfinanzierungen

Die Immobilienfinanzierungen stellen speziell für Privatkunden von Banken (Häuslebauer) einen gewichtigen Teil dar: Die Laufzeit beträgt i.d.R. zwischen 5 und 20 Jahren. Bei dieser Kategorie ist zu beachten, dass i.d.R. zu Laufzeitende noch eine Restschuld bleibt, d.h. das Darlehen ist nicht vollständig zurückgezahlt. Zu Laufzeitende muss der Kunde den Restschuldbetrag zurückzahlen. Entweder hat der Kunde diesen Betrag parat oder aber er muss sich um einen Folgekredit kümmern, die Anschlussfinanzierung.

3.5.2.2 Konsumentenkredite

Volkswirtschaftlich nicht unumstritten haben die Banken in den letzten Jahrzehnten begonnen, die Kreditfinanzierung des Konsums zu bewerben. Dabei handelt es sich um Annuitäten (d.h. Darlehen mit gleichbleibenden Raten in regelmäßigen Abständen)

- mit Laufzeiten von ein paar Monaten bis zu Jahreszahlen im niedrigen einstelligen Bereich, z.B. 3 Jahre.
- welche gleichzeitig vollständig zum Ende der Laufzeit getilgt werden, also keine Restschuld zum Laufzeitende.

Auf gut Deutsch: Der Kunde erhält einen Betrag und muss diesen Betrag in gleichbleibenden Raten über die Laufzeit zurückzahlen. Am Ende der Laufzeit besteht keine Restschuld mehr, alle Ansprüche gegenüber der Bank sind mit den Raten abgegolten.

An den Konsumentenkrediten wird von Verbraucherschützer häufig die Kleinrechnung der Kreditkosten bemängelt. I.d.R. wird die Kleinrechnung der Kosten durch die monatliche Angabe des Nominalzinssatzes erreicht. Ohne analytische Methoden hat man keine Chance, die wahren Kreditkosten zu identifizieren und die Kredite vergleichbar zu machen. Diese Methoden sind die Darlehenskalkulation dieses Kapitels, die Kapitel 5.2 sowie Kapitel 5.4.

3.5.3 Zinssätze

Zur Erinnerung: Der Nominalzinssatz eines Darlehens, kurz: Nominalzins, ist der Zinssatz welcher dem Darlehen für die Berechnung zugrunde gelegt wird, d.h. mit diesem Zinssatz wird das Darlehen kalkuliert.

Weitere Zinssätze, welche in der Praxis häufig vorkommen und ggf. in den folgenden Abschnitten Verwendung finden, sind im Folgenden nur zur Information aufgeführt.

Zinssätze pro Monat (p.m.): Wird eine vom p.a. abweichende Angabe gemacht, wie z.B. p.m., also per Monat, so ist sehr große Vorsicht geboten: Finanzgeschäfte mit Zinssatzangaben p.m. erscheinen optisch zunächst deutlich günstiger, als sie es tatsächlich sind – der Zinseszinseffekt führt dazu, dass der Jahreszinssatz deutlich über der linearen Hochrechnung (also p.m.-Zinssatz multipliziert mit 12) liegt.

Effektivzinssatz: Durch den Eintritt verschiedener Effekte – wie z.B. den Fristigkeitseffekt unterjähriger Raten oder Disagio – kann man Darlehen mit gleichem Nominalbetrag und Nominalzins konstruieren, welche sehr unterschiedliche Restschuldbeträge aufweisen. Dies bedeutet, dass der Nominalzinssatz für die Beurteilung von Darlehen – z.B. für den Vergleich mit anderen Darlehen – recht ungeeignet ist. Für die Beurteilung von Darlehen wird ein anderer Zinssatz verwendet, der Effektivzinssatz.

Im vorliegenden Buch wird der Effektivzinssatz nach der Preisangabenverordnung PAngV (siehe [PAngV] und [EffZ_PAngV]) zugrunde gelegt. Dieser kann nur mit numerischen Mitteln (vgl. nächstes Kapitel) und nach Aufstellung des Cashflows (übernächstes Kapitel) berechnet werden. Ein Pluspunkt für den Effektivzinssatz PAngV: Er ist inhaltlich sehr nahe an der wirtschaftlichen Realität und kann deswegen auch im Firmenbereich eingesetzt werden. Im Unterschied zu Privatkundenkrediten sind die Banken nicht verpflichtet, Unternehmen gegenüber den PAngV-Effektivzinssatz auszuweisen. Dies ist Aufgabe der unternehmensinternen Finanzabteilung

Marktzinsen, Zinsstrukturkurve: Da Geld auch am Geld- und Kapitalmarkt (=GKM) gehandelt wird, gibt es dafür Marktpreise, also Zinssätze. Die Marktzinsen werden für die dynamische Investitionsrechnung verwendet und sind das Maß der Dinge im Finanzbereich.

Mit den Methoden des Kapitels 6, kann man die Marktzinsen den Zahlungen abhängig von der Laufzeit zuordnen. Im Kapitel 5 wird die Bruttomarge der Bank berechnet sowie Optionen für die Finanzierung von Unternehmen aufgezeigt: Geldaufnahme von der Bank oder vom Geld-und Kapitalmarkt?

3.6 Übungsaufgaben

1. Warum funktioniert der „Bobbele"-Doppelklick nicht im 2. Schritt der Aufzählung in Kapitel 3.3.5?
2. Arbeiten Sie die Excel-Dateien (Download unter [ZM]) zum Kapitel durch, und zwar:
   a. Aus dem Verzeichnis *ExcelDateienBuch* die Dateien zum Buch
   b. Aus dem Verzeichnis *Fehlerbewältigung* die Dateien zu den Fehler-Quellen
   c. Aus dem Verzeichnis *Uebungen* die Übungsaufgaben.

3. Berechnen Sie folgendes Darlehen: Nominalbetrag 60.000 EUR, Nominalzinssatz 5,25%, Disagio 5.000 EUR, Laufzeit 10 Jahre.

   a. Wie viel beträgt der unterstellte Tilgungssatz falls keine explizite Angabe erfolgt? (Vgl. Kapitel 6.2.3)

   b. Das Disagio ist der Bankausdruck für eine sofort fällige Gebühr, die Auszahlung des Darlehens beträgt somit 55.000 EUR.
   Hinweis: Wie im Kapitel 6.5.1 dargestellt, erfolgt die Darlehenskalkulation basierend auf den Nominalbetrag und nicht auf den Auszahlungsbetrag(!). Der Auszahlungsbetrag wirkt sich auf die Wirtschaftlichkeit des Darlehens aus, vergleiche hierzu Kapitel 8.7, Aufgabe 2.

4. Vollständige Tilgung: Für das Darlehen dieses Kapitels sei unterstellt, dass die Zinsbindung nicht 10 Jahre sondern unendlich ist, d.h. der Nominalzinssatz ist bis zur vollständigen Tilgung gültig. Wie viele Monate muss das Darlehen zurückgezahlt werden, um es vollständig zu tilgen, d.h. Restschuld ist gleich Null? Wie hoch ist die letzte Rate?

   Tipp: Der Darlehensverlauf muss bis zum ca. 40.-sten Jahr fortschreiben werden. Der Zeitpunkt der vollständigen Tilgung ist dann an dem Vorzeichenwechsel der Restschuld zu erkennen: Ab dem Zeitpunkt, zu dem die Restschuld negativ wird, ist das Darlehen schon überbezahlt. Die letzte Rate errechnet sich aus der Summe der Zinsen und Restschuld der ersten Zeile mit negativer Restschuld.

4 Zielwertsuche

Lernziele: 1. Wie groß muss der Wert einer Zelle X sein, um ein vorgegebenes Ergebnis zu erreichen?, also F(X) = Y mit F in Excel realisiert.

2. Technische Einstellungen: Genauigkeit, Lösungsrichtung, etc.

3. Dynamische Gleichungsseiten: G(x) = H(x)

4.1 Einstieg

Das Lösen von Gleichungen, z.B. $X^2 - X - 6 = 0$, gehört heutzutage zum Standard-Lehrplan. Mit Excel lassen sich recht schnell Formeln abbilden. Naheliegend ist daher der Bedarf, Excel-Formeln einem Wert gleichzusetzen und nach dem Eingangsparameter lösen zu lassen. Hierzu bietet Excel die Zielwertsuche an. Die Zielwertsuche ist bereits bei ältesten Excel-Versionen verfügbar und wurde im Excel-Menü immer wieder verschoben. Mit der Excel-Version 2007 findet man sie unter Daten → Datentools → Was-Wäre-Wenn-Analyse→ Zielwertsuche:

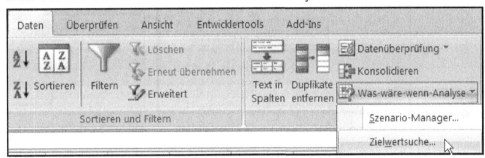

Abb. 65 Die Zielwertsuche im Excel 2007 Menü

4.2 Aufruf Zielwertsuche: Parametrisierung

Den Aufruf der Zielwertsuche wird anhand des nachvollziehbaren Beispiels einer quadratischen Gleichung dargestellt. Dafür ist die Funktion $F(x) = X^2 - X - 6$ in Excel in den ersten 3 Spalten abgebildet: In der Spalte A die mathematischen Formeln, in Spalte B die Excel-Formeln (B4 visualisiert via F2, vgl. folgendes Bild links) und die Spalte C wurde für Kommentare herangezogen. Der Zeilenaufbau ist wie folgt: In der 2. Excel-Zeile befinden sich die Spaltenüberschriften, in der 3. Zeile wird die Variable X abgebildet und in der 4. Zeile die quadratische Funktion.

Für diese Funktion sollen die Nullstellen bestimmt werden. Die Parameter der Zielwertsuche werden wie im Fenster „Zielwertsuche" (folgendes Bild rechts) gesetzt:

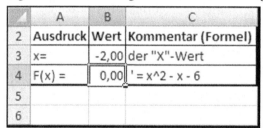

▲	A	B	C
2	Ausdruck	Wert	Kommentar (Formel)
3	X =		-1,00	der X-Wert
4	F(x) =	=B3*B3-B3-6	' = x^2 - x - 6
5			
6			

Abb. 66 Datenblatt für die Zielwertsuche

Abb. 67 Aufruf Zielwertsuche

Die Bedeutung der Parameter ist wie folgt:

1. Zielzelle: Das Ergebnis dieser Zelle ist zu ändern. In unserem Fall befindet sich in der Zielzelle B4 der Funktionswert. Auf mathematisch: $F(X)$.
2. Zielwert: Der Wert, den die obige Zielzelle annehmen soll. Im Beispiel ist dies die Null, da wir die Nullstellen suchen. Auf mathematisch das Y in $F(X) = Y$.
3. Veränderbare Zelle: Welche Variable/Zelle angepasst werden soll, um die Gleichung zu lösen, im Beispiel B3. Auf mathematisch das X in der Gleichung $F(X) = Y$.

Durch das Klicken auf den Knopf OK, wird die Zielwertsuche ausgeführt. Das Ergebnis ist in den folgenden zwei Abbildungen zu sehen:

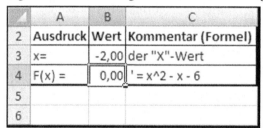

▲	A	B	C
2	Ausdruck	Wert	Kommentar (Formel)
3	x=	-2,00	der "X"-Wert
4	F(x) =	0,00	' = x^2 - x - 6
5			
6			

Abb. 68 Ergebnis Zielwertsuche - Datenblatt

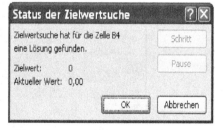

Abb. 69 Status Zielwertsuche

Die Excel-Zielwertsuche bietet die Option an, die veränderten Werte zu übernehmen oder abzulehnen. Werden die Werte abgelehnt – Taste Abbrechen klicken – so wird der Zustand vor der Zielwertsuche hergestellt. Speziell die Zellen B3 und B4 erhalten die ursprünglichen Werte -1 bzw. -4.

In der Regel will man die Ergebnisse der Zielwertsuche übernehmen, daher bleibt die Interpretation derselben zu klären bzw. muss die Frage gestellt werden: Wieso ermittelt die Zielwertsuche die Lösung -2? Am Schaubild von $F(x) = X^2 - X - 6$ erkennt man mühelos, dass die Funktion zwei Nullstellen hat: -2 und +3; wieso ist die Zielwertsuche auf -2 gekommen? Die Antwort darauf liefert das Newton-Verfahren[13], der Algorithmus, mit Hilfe dessen die Zielwertsuche im Hintergrund die Werte berechnet.

---

13 Das Newton-Verfahren ist heutzutage ebenfalls im Standard-Curriculum zu finden, daher werden an dieser Stelle weder Details noch Literaturhinweise genannt.

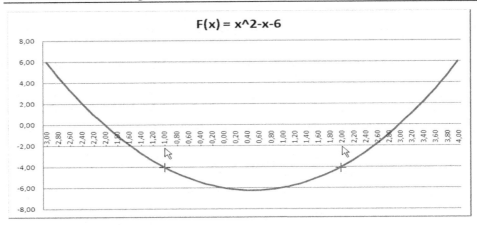

Abb. 70 Funktionsdiagramm für die Analyse der Zielwertsuche

Die für die Anwendung der Zielwertsuche wichtigsten Eigenschaften des Newton-Verfahrens sind:

- Das Newton-Verfahren ist ein numerisches Verfahren. Selbst wenn die Lösung via Formeln genau ausgerechnet werden kann, könnte es sein, dass die Zielwertsuche eine numerische Abweichung ausweist – siehe weiter unten in Kapitel 4.3.1.
- Die gefundene Lösung der Gleichung ist vom Startwert abhängig. Oder etwas heuristisch ausgedrückt: Es wird die Lösung gefunden, welche dem Anfangswert (im Beispiel oben die „Veränderbare Zelle" B3 mit Anfangswert -1) am nächsten kommt.

Würde man im obigen Schaubild die Zielwertsuche mit dem Anfangswert 2 starten (muss manuell in Zelle B3 eingetragen werden), so käme die Zielwertsuche auf die Lösung +3.

4.3 Zielwertsuche: Fortgeschrittene Techniken

Die Zielwertsuche ist sehr flexibel und akzeptiert sowohl Berechnungen als auch Parameter (Zielzelle und veränderbare Zelle) von unterschiedlichen Excel-Blättern. Weitere Techniken des Excel-Engineerings im Zusammenhang mit der Zielwertsuche werden in den folgenden Abschnitten beschrieben.

4.3.1 Berechnungsgenauigkeit

Die Zielwertsuche verwendet ein numerisches Verfahren, d.h. die Lösungen sind immer approximativ. Für das obige Beispiel kann es vorkommen, dass Excel die Lösung aus dem folgendem Bild liefert (in Abhängigkeiten von den lokalen Excel-Einstellungen). Klar erkennbar ist der Unterschied zwischen der optischen Erwartungshaltung – die Zahl -2 würde man sehen wollen – und der numerischen Sicht der Lösung: Mit -1,99997... wurde von der Zielwertsuche ein Wert vorgeschlagen, welcher von der Lösung um weniger als 3 Hunderttausendstel abweicht.

	A	B	C
2	Ausdruck	Wert	Kommentar (Formel)
3	X =	-1,99997009	der X-Wert
4	F(x) =	-0,00014956	' = x^2 - x - 6
5			
6			

Status der Zielwertsuche

Zielwertsuche hat für die Zelle B4 eine Lösung gefunden.

Zielwert: 0
Aktueller Wert: -0,000149558

Schritt
Pause
OK   Abbrechen

Abb. 71 Lösungsgenauigkeit im Datenblatt   **Abb. 72 Lösungsgenauigkeit Status**

Um die die Lösung auf den genauen Wert zu trimmen, hat man 2 Möglichkeiten:

- Kosmetik: Die Formatierung der Zelle anpassen, z.B. nur 2 Dezimalstellen anzeigen.

  Diese Möglichkeit kommt dann in Betracht, falls man aus kaufmännischer Sicht nicht mehr als 2 Dezimalstellen braucht. Z.B. ist der Wert ein Euro-Betrag und Euro-Beträge werden i.d.R. nur mit 2 Nachkommastellen ausgewiesen.

- Inhaltlich: Die Berechnungsgenauigkeit feiner einstellen und die Zielwertsuche wiederholen.

  Diese Möglichkeit hat den Vorteil, dass mit einer genaueren Bestimmung der Lösung (= mehr Nachkommastellen) die Gewissheit steigt, dass die Numerik stimmt. Leicht nachteilig wirken sich die minimal höhere Laufzeit der Zielwertsuche aus und der Umstand, dass man einmalig manuell einige Zusatzeinstellungen vornehmen muss.

Um die Berechnungsgenauigkeit der Zielwertsuche zu erhöhen, muss man die Einstellungen von Excel ändern. Für Excel 2007 sind die Schritte wie folgt:

1. Die Schaltfläche „Office" klicken (links oben im Fenster)
2. Aus dem resultierenden Fenster die Schaltfläche Excel-Optionen klicken (unten, in der Fuß-Leiste des Fensters)
3. Im neuen Fenster „Excel-Optionen" die Kategorie „Formeln" wählen

   a. und das Häkchen ☑ Iterative Berechnung aktivieren setzen (im Bild unten mit 3 Mauszeigern markiert), sowie

   b. die Maximale Iterationszahl: 100 auf einen höheren Wert setzen (im Bild unten mit 4 Mauszeigern markiert), sowie

   c. die Maximale Änderung: 0,001 auf einen kleineren Wert setzen (markiert mit 5 Mauszeigern im Bild)

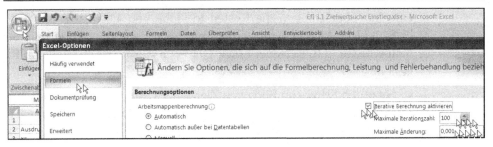

Abb. 73 Einstellungen Lösungsgenauigkeit im Excel 2007 Menü

Die „Maximale Iterationsanzahl" gibt an, wie oft die Neu-Berechnung der Newton-Approximation erfolgen soll – je mehr desto genauer, aber auch laufzeitintensiver. Der Parameter „Maximale Änderung" hingegen bestimmt die Genauigkeit[14] der Berechnung, je kleiner desto genauer; auch dieser Parameter kann sich auf die Laufzeit der Zielwertsuche negativ auswirken.

Da die zwei genannten Parameter laufzeitintensiv sein können, ist die Empfehlung von Werten für die „Maximale Iterationsanzahl" und „Maximale Änderung" an dieser Stelle nicht möglich; diese Zahlen sollten streng genommen mit der Hardwareausstattung und Konfiguration des PCs zusammenhängen. Empirisch lässt sich feststellen, dass beide Parameter in der Standardkonfiguration von Excel sehr konservativ gesetzt sind und daher auch für einfache Funktionen (z.B. quadratische) einen wahrnehmbaren Approximations-Fehler liefern.

4.3.2 Zellen gleichsetzen F(X) = G(X), Break-Even

Starten wir mit einer einfachen Break-Even-Rechnung: Eine produzierte Menge X=30 Stück wird mit dem Stückpreis Y=120 EUR verkauft. Die Kosten für die Produktion belaufen sich auf 1.000 EUR + 100*X (fixe plus variable Kosten), die Provision hat ebenfalls einen fixen Anteil von 1.000 und variablen Anteil von 1%.

	A	B	C	D	E	F	G	H	I
1	Produzierte Menge X=	30	Stück		Stückpreis Y =	120,00 €	Zielwertsuche		
2	Kosten = 1.000 + 100*X	4.000,00 €			Umsatz = X * Y	3.600,00 €	Zielzelle: $F$4 ; Zielwert: 4000		
3					Provision = 1.000 + X*Y/100	1.036,00 €	Veränderbare Zelle: $B$1		
4					Erlös = Umsatz - Provision	2.564,00 €	OK Abbrechen		

Abb. 74 Zielwertsuche: Intuitiver Ansatz Zellen gleichsetzen geht schief

---

14 Für Techniker: Microsoft ist an dieser Stelle nicht präzise, was genau mit der maximalen Änderung gemeint ist. Da die Newton-Iteration allerdings kein Firmengeheimnis ist, kann nur folgendes gemeint sein: Entweder die Schrittweite der Iteration oder die Genauigkeit für die Abbruchbedingung, oder auch beides.

Offenbar überschreiten die Kosten in Höhe von 4.000 EUR den Erlös von 2.564 EUR. Welche Menge X muss denn produziert werden, damit man eine schwarze Null schreibt, d.h. Kosten = Erlös? Der erste Ansatz ist ebenfalls im Bild oben dargestellt:

- Setze den Erlös – im Bild oben Zielzelle F4, Markierung 1 Mauszeiger
- auf den Wert 4000 – im Bild oben das Feld Zielwert, Markierung 2 Mauszeiger
- durch Ändern der produzierten Menge – im Bild der Parameter "Veränderbare Zelle" B1, mit 3 Mauszeiger markiert.

Die Zielwertsuche produziert auch prompt das Ergebnis wie im nächsten Bild dargestellt.

	A	B	C	D	E	F	G	H	I
1	Produzierte Menge X=	42	Stück		Stückpreis Y =	120,00 €	**Status der Zielwertsuche**		
2	Kosten = 1.000 + 100*X	5.208,76 €			Umsatz = X * Y	5.050,51 €	Zielwertsuche hat für die Zelle F4 eine Lösung gefunden.		
3					Provision = 1.000 + X*Y/100	1.050,51 €	Zielwert: 4000 Aktueller Wert: 4.000,00 € OK		
4					Erlös = Umsatz - Provision	4.000,00 €			

Abb. 75 Zielwertsuche: Fehler-Analyse intuitives Gleichsetzen von Zellen

Im obigen Bild stellt man eine Abweichung von der ursprünglichen Erwartung fest. Zwar wird für die 42 produzierten Stücke der Erlös von 4.000 EUR erreicht, aber die Kosten sind nun auf 5.208,76 EUR gestiegen. Dies ist auf den Einfluß der produzierten Menge X auf die Kosten zurückzuführen, d.h. der Zielwert ändert sich ebenfalls in Abhängigkeit von der veränderbaren Zelle. Der Fehler in der Ansteuerung der Zielwertsuche besteht offenbar in der festen Angabe von 4.000 EUR als Zielwert – gefragt ist als Zielwert die *Zelle*(!) B2 der Kosten anzugeben. Dies ist jedoch von der Zielwertsuche nicht vorgesehen: Für das Feld Zielwert fehlt die Drucktaste 🔣, d.h. Zellen auszuwählen ist nicht möglich.

Die Erkenntnis aus der obigen technischen Einschränkung ist wie folgt:

> Die Zielwertsuche kann Gleichungen vom Typ $F(X) = Y$ lösen und führt Gleichungen vom Typ $F(X) = G(X)$ auf die Form $F(X) – G(X) = 0$ zurück.

Der offensichtliche mathematische Hintergrund dafür ist der Umstand, dass Gleichungen vom Typ $F(X) = G(X)$ ohne Weiteres als $F(X) - G(X) = 0$ umgeschrieben werden könnnen.

Daraus resultiert das Excel-Engineering für die Zielwertsuche: Verwende eine Hilfsfunktion $H(X) = F(X) – G(X)$, welche dann auf den Wert 0 gesetzt werden kann. Zu den vorigen Bildern kommt in Zelle B4 die Differenz Erlös Minus Kosten, d.h. B4 = F4 – B2. Mit dieser Umstellung kann man nun die Zielwertsuche aufrufen; der Aufruf ist im rechten Teil des folgenden Bildes dargestellt.

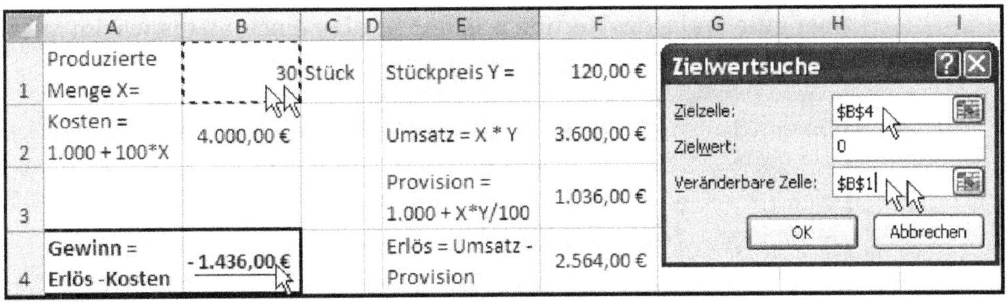

Abb. 76 Zielwertsuche: Technik Zellen gleichsetzen vermöge Hilfszelle

Das Ausführen der Zielwertsuche liefert dann für die gesuchte Produktionsmenge X den Wert 106 Stück:

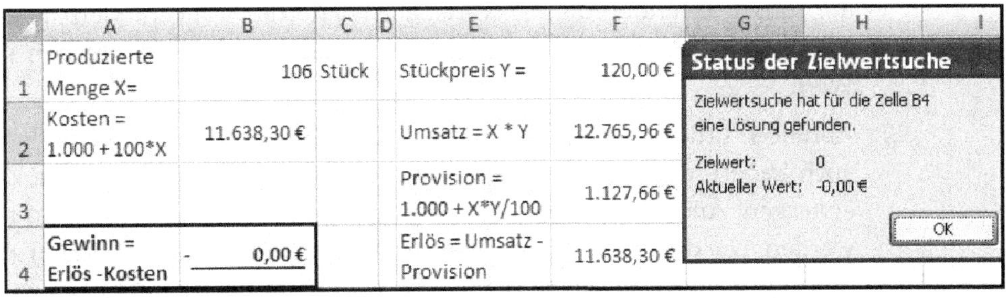

Abb. 77 Zielwertsuche: Technik Gleichsetzen von Zellen – es funktioniert!

Dies ist der Break-Even, für den der Erlös die Kosten deckt. Ab dieser Menge erwirtschaftet das Unternehmen einen Gewinn.

4.4 Fehlerquellen und Hilfe im Fehlerfall

Für alle aufgeführten Fehlerquellen vgl. auch [ZM] für praktische Beispiele.

4.4.1 Fehlermeldung „Zelle muss einen Wert enthalten"

Situation: Die Zielwertsuche lässt sich nach Eingabe der Parameter nicht starten, auf OK folgt die wenig aussagekräftige Fehlermeldung „Zelle muss einen Wert enthalten".

Problem: Die Zielwertsuche akzeptiert in der veränderbaren Zelle keine Formel. Selbst der Ausdruck „=-1" (z.B. in Zelle B3 im Beispiel aus Kapitel 4.2) wird von Excel als Formel interpretiert und von der Zielwertsuche abgewiesen.

Abhilfe: Zu prüfen ist, ob der Inhalt der veränderbaren Zelle mit dem Symbol „=" beginnt. Wenn ja, dann entfernen.

4.4.2   Zielwertsuche findet keine Lösung

Situation: Die Zielwertsuche lässt sich nach Eingabe der Parameter starten, nach einer gute Weile des Rechnens liefert sie aber einen Status wie im folgenden Bild:

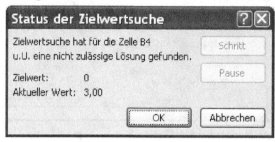

Abb. 78 Zielwertsuche: Keine Lösung

Problem 1: Die Zielzelle muss von der veränderbaren Zelle abhängen. Ist dies nicht der Fall, so verändert die Zielwertsuche wiederholt die veränderbare Zelle, erreicht jedoch keine Änderung der Zielzelle, speziell auch nicht auf den gewünschten Wert.

Abhilfe 1: Prüfen, ob die Zielzelle sich durch das Ändern der veränderbaren Zellen auch ändert, ggf. nacheinander mehrere Werte in die veränderbare Zelle manuell eintragen. Ändert sich die Zielzelle nach diesen Prüfungen nicht, so muss geprüft werden, wie die veränderbare Zelle in die Funktion (Excel: Zielzelle) einfließt, oder ob in die Zielwertsuche die richtige veränderbare Zelle eingetragen wurde.

Problem 2: Der Anfangswert muss in der Nähe der Lösung sein. Dabei hängt der Ausdruck „in der Nähe der Lösung" sehr stark von der Numerik der zu lösenden Gleichung ab. Z.B. ist jede negative Zahl als Anfangswert geeignet, um im obigen Beispiel $X^2 - X - 6 = 0$ die Lösung -2 zu erhalten.

Abhilfe 2: Aus der inhaltlichen Aufgabenstellung versuchen, einen besseren Anfangswert für die Zielwertsuche zu finden.

Problem 3: Nicht jede Gleichung hat überhaupt Lösungen.

Abhilfe 3: An dieser Stelle hilft nur noch die Untersuchung, ob die aufgestellte Gleichung überhaupt Lösungen haben kann. Ist inhaltlich eine solche Prüfung nicht möglich (z.B. die Funktion sehr komplex, oder häufiger: die Implementierung erstreckt sich über mehrere Zellen/Blätter), so kann man die IT einsetzen und mittels Tabellieren der Funktionswerte die Funktion in Excel graphisch darstellen. Für einfache Funktionen ist dies wie im nächsten Bild möglich[15]:

---

15 Man beachte die Formel in Zelle B16. Diese ist in der Funktionsleiste zu sehen. Im Wesentlichen wird mit der Schrittweite 1/10 die X-Achse abgetastet und dafür werden die F(X) Werte in Excel via Fortschreibung errechnet. Ganz klar erkennbar ist, dass Excel nicht primär für die graphische Darstellung mathematischer Funktionen erschaffen wurde.

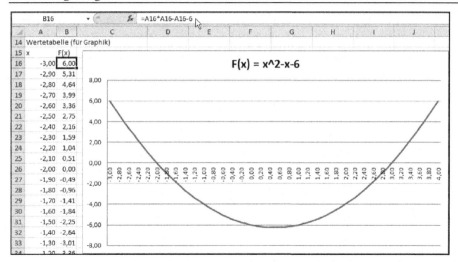

Abb. 79 Funktionsdiagramm vermöge Tabellierung der Funktion

Sobald komplexere Funktions-Ausdrücke ins Spiel kommen – z.B. Formelwerke, die sich über mehrere Excel-Blätter erstrecken – versagt diese Methode. Eine Möglichkeit komplexe, sich über mehrere Blätter erstreckende Formel graphisch darzustellen, bietet Kapitel 10.4.1.

4.4.3   Zielwert nur Zahl, veränderbarer Zielwert (Formel) erforderlich

Situation: Das Ausführen der Zielwertsuche hat zwar ein Ergebnis produziert, nun stimmen allerdings andere Zellen nicht mehr mit dem neuen Wert der veränderbaren Zelle überein. Anders ausgedrückt, wurden Nebeneffekte nicht berücksichtigt - eigentlich müsste die Zielwertsuche als Zielwert nicht nur Zahlen sondern auch Zellen zulassen.

Problem: Gleichungen vom Typ $F(X) = G(X)$ müssen auf die Form $F(X) - G(X) = 0$ zurückgeführt werden da die Excel-Zielwertsuche keine Zellen als Zielwert zulässt.

Abhilfe: Siehe Kapitel 4.2.3.

4.5   Übungsaufgaben

1. Arbeiten Sie die Excel-Dateien (Download unter [ZM]) zum Kapitel durch, und zwar:

   a. Aus dem Verzeichnis *ExcelDateienBuch* die Dateien zum Buch

   b. Aus dem Verzeichnis *Fehlerbewältigung* die Dateien zu den Fehler-Quellen

   c. Aus dem Verzeichnis *Uebungen* die Übungsaufgaben.

2. Überlegen Sie sich eine Strategie im Umgang mit den numerischen Ungenauig-
   keiten der Zielwertsuche – die errechneten Werte sind ja nicht immer bis auf die
   letzte Nachkommastelle richtig, ggf. sogar irrational. Am Beispiel der folgenden
   Gleichung testen Sie Ihre Excel-Einstellungen bezüglich folgender Punkte:

$$\frac{1}{1 + x^2} = \frac{1}{2}$$

   a. Berechnungsgenauigkeit: Welche Einstellungen führen zu akzeptablen Wer-
      ten (in der Regel sind die ersten 2 bis 4 Nachkommastellen für die Genauig-
      keit relevant)?
   b. Anzeigeoptionen: Wie viele Nachkommastellen sind für Sie relevant?
      → Der „Kosmetik"-Anteil für die Berechnungsgenauigkeit besteht darin, via
      Formatierung die nicht relevanten Nachkommastellen auszublenden.

5 Dynamische Investitionsrechnung

Lernziele: 1. Barwert eines Betrags und eines Cashflows

2. Cashflow eines Darlehens

3. Effektivzinsberechnung (Effektivzins PAngV[16])

Die statischen Methoden der Investitionsrechnung stellen mit Hilfe einer Handvoll von Rechenschritten den Ertrag den Aufwendungen gegenüber. In der Regel fliessen Kennzahlen der Gegenwart und geschätzte Zahlen zu Ende der Investition in die Rechnung ein. Die statischen Methoden der Investitionsrechnung sind historisch gewachsen, Kaufleute haben seit alters her versucht, das Ergebnis ihres Handelns zahlenmäßig zu erfassen. Bis vor dem Aufkommen der modernen IT für jedermann waren die statischen Methoden mangels Rechenressourcen die einzig praktikablen Methoden.

Beispiel: Eine über 10 Jahre kreditfinanzierte CNC-Maschine über 60.000 EUR mit

1. monatlichen Rückzahlungsraten und Nominalzinssatz 5,25%
2. geschätzten Verkaufserlösen sowie Kosten von 30.000 EUR p.a.
3. jährlicher Abschreibung für Abnutzung (AfA) von 5.400 EUR und
4. einem Schrottwert von 6.000 EUR

würde in der klassischen Amortisations-Durchschnitts-Rechnung nach der Formel gerechnet werden

$$Amortisation = \frac{Anschaffungskosten - Schrottwert}{Gewinn + Zins + AfA}$$

$$= \frac{60.000 - 6.000}{30.000 + 60.000 * 5,25\% + 5.400}$$

$$\approx 1,4 \, Jahre$$

Damit ist die Zeit abgeschätzt, nach der die Investition sich zu rechnen beginnt („Break-Even"). Offenbar unterschlägt die obige Rechnung die Konditionen des Darlehens (z.B. monatliche oder jährliche Raten) und unterstellt implizit, dass Geldflüsse in der Zukunft den gleichen Wert haben wie heute. Den Schrottwert von 6.000 EUR fällig in 3 Jahren kann man jedoch nicht unmittelbar mit den Anschaffungskosten von 60.000 EUR in der Gegenwart vergleichen.

Die genauen Berechnungen für das obige Beispiel sind ohne Rechnerunterstützung nicht zu bewältigen. Schon die Aufstellung des Darlehens mit Bleistift und Papier ist mit überdurchschnittlicher Mühe verbunden.

---

16 PAngV = PreisAngabenVerordnung, ein Gesetz zum Verbraucherschutz, siehe [PAngV] im Literaturverzeichnis.

Seit dem die IT für Privathaushalte erschwinglich geworden ist und für Firmen sowieso, gibt es keine Gründe mehr, die dynamische Investitionsrechnung nicht zu verwenden[17].

Definition: Die dynamische Investitionsrechnung erfasst zeitgerecht alle Kennzahlen, z.B. Ein-/Auszahlungen, und stellt deren Vergleichbarkeit auf Basis heutiger Werte her, um die Investition beurteilen zu können.

Aus der Definition der dynamischen Investitionsrechnung ergeben sich die Schritte für die Durchführung:

- Ermittlung des Zahlungsstroms (engl. Cashflow), d.h. Ein- und Auszahlungen in der Zeit erfassen und darstellen.
- Vergleichbarkeit der Beträge herstellen, Barwertberechnung des Zahlungsstromes.

Selbst die dynamische Investitionsrechnung hat Variationen in Form des Endwertverfahrens erfahren – alle Zahlungskomponenten werden auf den Endwert in z.B. 10 Jahren aufgezinst. Da

- 60.000 EUR heute deutlich besser erfassbar sind als 60.000 EUR in 10 Jahren, und
- die Aufzinsung von z.B. einer Darlehensrate von 312,50 EUR fällig in 5 Jahren auf 10 Jahre nicht unstrittig ist (mit welchem Zinssatz?),

wird im vorliegenden Buch das klassische Barwertverfahren verwendet. Für das Barwertverfahren werden die einzelnen Zahlungen auf den Zeitpunkt der Gegenwart abgezinst und daraufhin i.d.R. addiert, um den Gesamtwert der Investition / des Cashflows zu ermitteln. Mit den Methoden von Kapitel 3.3 ist die Berechnung der Barwerte auch möglich – es handelt sich nicht mehr um Durchschnitts-Abschätzungen sondern um realisierbare Beträge.

5.1 Cashflow eines Darlehens

Als Grundlage jeder Investitionsrechnung haben wir die Darlehenskalkulation ausgemacht, unabhängig von der Finanzierungsform Eignen- oder Fremdmittel (siehe Motivation zu Kapitel 3). Die Zielsetzung der dynamischen Investitionsrechnung ist die akkurate Erfassung von Zahlungen – letzten Endes sind es die Zahlungen, welche über die Vermögens-Zunahme oder -Abnahme entscheiden. Daher wird in diesem Abschnitt die Cashflow-Berechnung der (Annuitäten-) Darlehen angegangen.

Unter Cashflow oder Zahlungsstrom einer Investition versteht man alle Zahlungen, welche im Rahmen der Investition ein- oder ausgehen.

---

17 Bis, vielleicht, auf die Macht der Gewohnheit, da wir ja in den letzten Jahrtausenden immer statisch gerechnet haben …

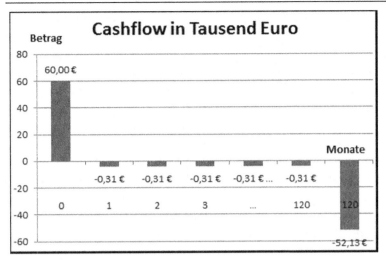

Abb. 80 Bildliche Vorstellung eines Cashflows

Für ein Darlehen ist der Zahlungsstrom durch folgende Elemente gegeben:

- Auszahlungsbetrag: Der Auszahlungsbetrag, z.B. 60 TEUR (Tausend **EUR**), aus Sicht der Investition mit positiven Vorzeichen. Wegen dieses Betrags wird das Darlehen überhaupt getätigt.
- Raten: Die regelmäßigen Rückzahlungsraten über 120 Monate, z.B. -0,31 TEUR; negativ, da ausgehend.
- Die letzte Zahlung: Die Restschuld zum Laufzeitende, z.B. -52,13 TEUR im 120. Monat. Diese letzte Zahlung hat ebenfalls ein negatives Vorzeichen.

Bemerkung: In der obigen graphischen Darstellung werden zum Zeitpunkt 120 Monate 2 Zahlungen dargestellt: Die letzte Rate über 0,31 TEUR sowie die Restschuld über 52,13 TEUR.

Ein häufiger Stolperstein stellt der letzte Punkt dar, die Cashflow-Komponente „Restschuld". Insofern die Restschuld Null ist – typischerweise für Konsumentenkredite[18] – spielt diese keine Rolle mehr. Für die große Mehrheit der Darlehen ist die Restschuld ungleich Null und darf im Cashflow nicht fehlen. Die üblichen Gründe die Restschuld außer Acht zu lassen sind:

- Die letzte Rückzahlungsrate und die Restschuld fallen i.d.R. zum gleichen Zeitpunkt an. Optisch endet der Cashflow mit der letzten Rate, man denkt nicht mehr an die Restschuld.
- Die Restschuld nicht als solche erkennen, typischerweise falsche Beratung. Nicht jedem Zeitgenossen ist klar, dass bei Aufnahme eines Hausdarlehens zu üblichen Konditionen nach Laufzeitende noch eine beträchtliche Restschuld übrigbleibt.

Als Eselsbrücke kann man folgende Analogie zur Miete verwenden:

---

18 Vgl. Kapitel 3.5.2.2.

Tabelle 13 Analogie Darlehen - Miete

	Darlehen	Miete
1.	Auszahlung des Darlehens	Einzug ins Mietobjekt
2.	Regelmäßige Rückzahlungsrate	Monatliche Miete entrichten
3.	Letzte Rate zahlen *und zusätzlich* die Restschuld zu Laufzeitende begleichen	Letzte Monatsmiete leisten *und zusätzlich* Rückgabe des Mietobjektes

In diesem Abschnitt werden ausschließlich Zahlungsströme von Darlehen betrachtet und berechnet. In den folgenden Kapiteln werden weitere Komponente wie z.B. Abschreibung für Abnutzung (AfA) hinzukommen.

5.2   Cashflow eines Darlehens in Excel

Der Zahlungsstrom einer Investition oder eines Darlehens in Excel ist eine Liste aller Ein- und Auszahlungen, wobei pro Ein-/Auszahlung folgendes vermerkt wird:

- Zeitpunkt, zu welchen der Betrag ein-/ausgezahlt wird.
- Betrag. Der Betrag ist nach folgender Regel vorzeichenbehaftet:
  Vorzeichen-Regel: Plus „+" für eingehend und Minus „-" für ausgehend. Das Vorzeichen wird wie in den Naturwissenschaften (z.B. Mathematik) gleich dem Betrag zugeschlagen.

Die obige Vorzeichen-Konvention ist typisch für Nichtbanken, eingehend ist immer positiv, ausgehend immer negativ. Damit ist sichergestellt, dass die Interpretation der resultierenden Kennzahlen einfach ist: Ist die Ergebnis-Kennzahl positiv, so ist dies zu Gunsten der Investition, anderenfalls handelt es sich um eine wirtschaftlich schlechte Investition.

Ausgehend von der Darlehenskalkulation lässt sich der Cashflow mit den bereits erlernten Techniken wie in den folgenden Schritten aufstellen.

5.2.1   Darlehens-Cashflow in Excel: Neues Blatt (Datenmodellierung)

Für den Cashflow sehen wir im Lichte des Aufzählungspunktes 4 des Kapitels 2.3.4 ein neues Excel-Blatt vor.

Wie im Kapitel 2.4.2.1 erzeugen wir das neue Blatt Cashflow, sowie ein neues Fenster dafür und blenden beide Fenster auf den Bildschirm ein:

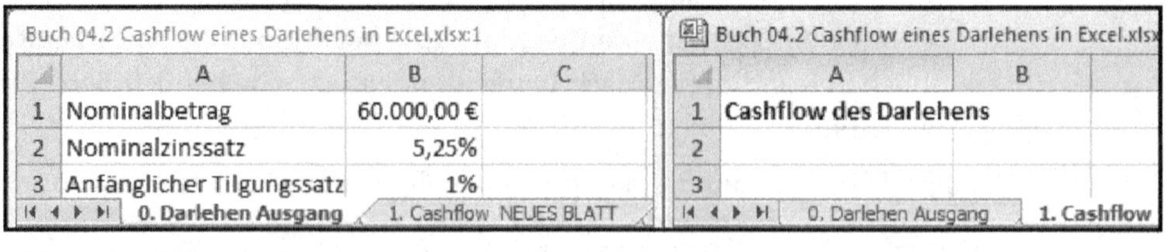

Abb. 81 Cashflow in Excel in einem eigenen Blatt

In den nächsten Schritten wird dieses Blatt mit dem Cashflow gefüllt.

5.2.2 Darlehens-Cashflow in Excel: Monate mit Verknüpfung kopieren

Der Cashflow ist eine zeitliche Abfolge von Zahlungen, wir brauchen somit die Zeitachse und diese ist die gleiche wie für das Darlehen. Es liegt auf der Hand die Spalte Monat des Darlehens (Blatt „0. Ausgang") mit Verknüpfung zu kopieren:

1. Markiere die gesamte Spalte Monat, siehe Kapitel 2.1.2, d.h.
   a. Zeiger in Zelle A11 stellen
   b. Umschalttaste (Shift) drücken und nicht loslassen
   c. Navigieren bis zum unteren Ende des Datenbereichs:
      i. Taste ENDE drücken und loslassen
      ii. Pfeil-nach-Unten Taste drücken
   d. Umschalttaste (aus b.) loslassen

Damit ist die Monat-Spalte des Darlehens-Blattes markiert.

2. Die markierten Daten kopieren: Strg-c
3. Ins Cashflow-Blatt wechseln und den Zeiger an der Stelle setzen, an der die Monate eingefügt werden sollen.
   Wie im Kapitel 2.3.4 beschrieben, die Zellen mit Verknüpfung einfügen.
   Für das Bild aus Kapitel 2.3.4 sind somit folgende Einstellungen zu treffen:
   a. Einfügen → Alles (Standard-Einstellung)
   b. Vorgang → Keine (Standard-Einstellung)
   c. Und Schalttaste „Verknüpfen" klicken.

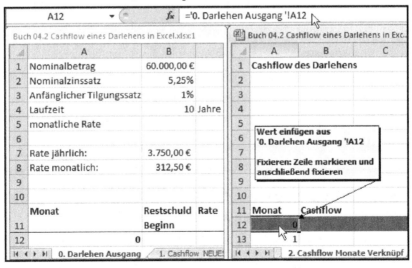

Abb. 82 Cashflow des Darlehens: Grundgerüst

Das Ergebnis ist im nachfolgenden Bild dargestellt, vgl. die Formel[19] in der Zelle

'2. Cashflow Monate Verknüpf'!A12 = '0. Darlehen Ausgang'!A12

bzw. in der Formelleiste. Bei dieser Gelegenheit auch die Spaltenüberschriften der Zeile 11 fixieren.

Als Ergebnis dieses Abschnitts steht das Grundgerüst für den weiteren Ausbau des Cashflows fest, dies sind die Spalten A und B samt Überschriften. In den nächsten Abschnitten werden die Zahlungen ergänzt.

Die Methode des Arbeitens mit 2 Fenstern ermöglicht eine transparente Eingabe des Formelwerks für das Aufstellen des Cashflows.

5.2.3   Darlehens-Cashflow in Excel: Auszahlungsbetrag

In der Doppelfenster-Anzeige des Cashflow-Blattes den Auszahlungsbetrag 60.000,00 EUR zum Monat 0 (heute) aus dem Darlehen übernehmen, d.h. via Formel

'3. Cashflow Auszahlungsbetrag'!B12 = '0. Darlehen Ausgang '!F12

aus dem Darlehens-Blatt den Zellbezug übernehmen. Der Auszahlungsbetrag ist eingehend und daher positiv dargestellt.

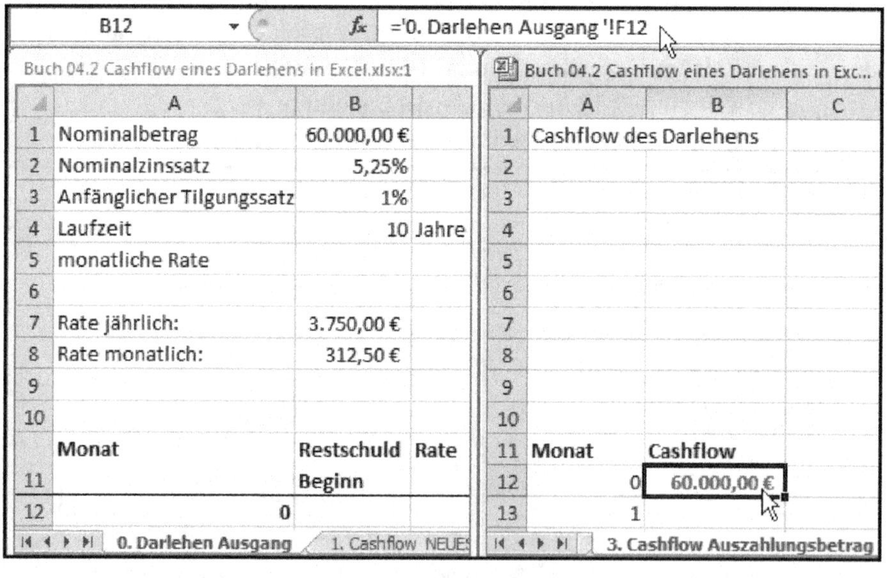

Abb. 83 Cashflow des Darlehens: Auszahlungsbetrag

---

19 Im vorliegenden Kapitel werden die Schritte in einem eigenen Excel-Blatt dargestellt, also '1. Cashflow NEUES BLATT', '2. Cashflow Monate Verknüpf', etc. Dies dient dazu, die Nachvollziehbarkeit anhand der Excel-Datei (Download: [ZM]) zu ermöglichen. Im praktischen Leben wird der Cashflow des Darlehens in einem einzigen Blatt aufgestellt.

Die Methodik für das Arbeiten mit mehreren Excel-Blättern ist in Kapitel 4.2.2.1 beschrieben Im vorliegenden Fall sind dies die folgenden Schritte:

- Den Mauszeiger in das Blatt '3. Cashflow Auszahlungsbetrag', Zelle B12 positionieren.
- In diese Zelle den Anfang einer Formel, d.h. das Zeichen „=" eintragen.
- Das Blatt '0. Darlehen Ausgang' aktivieren und die gewünscht Zelle F12, die Restschuld zu Beginn der Periode 0, anklicken.
- Mit der Eingabetaste die Formel bestätigen.

5.2.4 Darlehens-Cashflow in Excel: Die erste Rate

Die erste Rückzahlung erfolgt mit der ersten Rate im ersten Monat, Vorzeichen

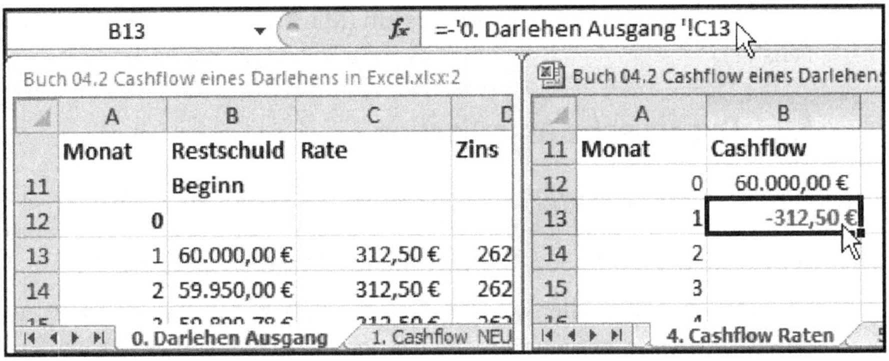

Abb. 84 Cashflow des Darlehens: Erste Rate

negativ da ausgehend, und entsprechender Zellbezug. Die entsprechende Excel-Formel lautet

$$\text{'4. Cashflow Raten'!B13} = - \text{'0. Darlehen Ausgang '!C13}$$

5.2.5 Darlehens-Cashflow in Excel: Raten Fortschreiben

Die weiteren Raten unterscheiden sich nicht wesentlich von der ersten Rate, daher mit „Bobbele"-Doppelklick aus der Zelle B13 heraus die Zahlenreihe in der Cashflow-Spalte B vervollständigen:

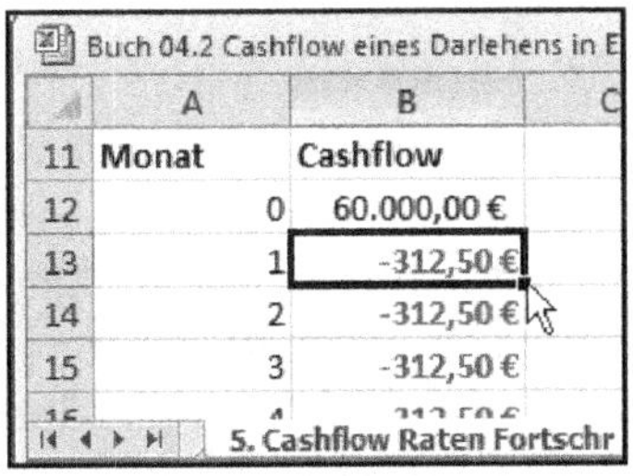

Abb. 85 Erste Rate Fortschreiben

5.2.6   Darlehens-Cashflow in Excel: Letzte Zahlung – die Restschuld

Die letzte Rate muss noch um die Rückzahlung der Restschuld ergänzt werden. Da die Restschuld ebenfalls ausgehend ist, erhält sie ein negatives Vorzeichen.

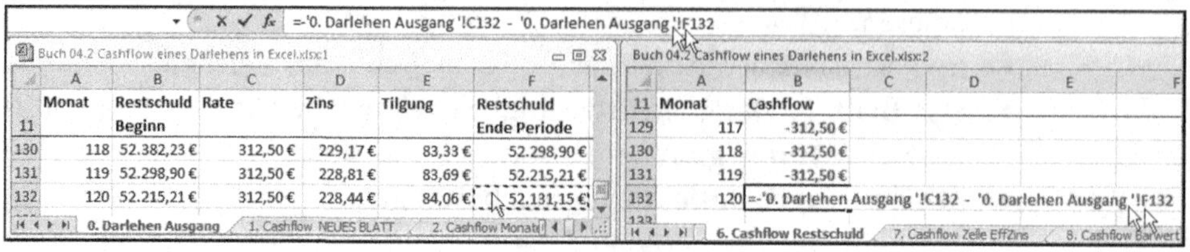

Abb. 86 Letzte Zahlung Cashflow: Inklusive Restschuld

Technisch gesehen fließen die mit einem Zeiger markierte Zelle des linken Fensters in die letzte Zahlung des Cashflows ein (Markierung mit 2 Mauszeigern im rechten Fenster).

5.3   Dynamische Amortisation

Spätestens mit dem oben aufgestellten Cashflow stellt sich die Frage, ob das Darlehen „gut" oder „schlecht" ist. Genauer formuliert: Wie beurteilt man die Wirtschaftlichkeit des Cashflows (und implizit des Darlehens)?

Im ersten Ansatz wollen wir die Amortisationszeit untersuchen: Zu welchem Zeitpunkt wird der aufgenommene Darlehensbetrag von 60.000,00 EUR zurückgezahlt? Dafür müssen wir für einen Zeitpunkt alle aufgelaufenen Rückzahlungen vom Darlehensbetrag abziehen:

- Für den 0. Monat stellen wir einen Saldo von 60.000,00 EUR fest, das Darlehen ist nicht amortisiert (Darlehensnehmer im Vorteil).
- Für den 1. Monat stellen wir einen Saldo von

$$59.687,50 \text{ EUR} = 60.000,00 \text{ EUR} - 312,50 \text{ EUR}$$

  fest, das Darlehen ist nicht amortisiert und der Darlehensnehmer immer noch im Vorteil.
- Für den 2. Monat stellen wir einen Saldo von

$$59.375,00 \text{ EUR} = 60.000,00 \text{ EUR} - 312,50 \text{ EUR} - 312,50 \text{ EUR}$$

  fest, usw. für die darauffolgenden Monate.

In der Literatur heißt dieses Verfahren *dynamische* oder *kumulierte Amortisationsrechnung*. Es unterscheidet sich von der statischen Durchschnitts-Amortisationsrechnung zu Beginn des Kapitels 1, Seite 65, durch die vollständige und zeitlich genaue Erfassung aller Zahlungskomponenten. Wirtschaftlich interessant ist die Frage, in welchem Monat sich das Vorzeichen ändert (falls es sich ändert), d.h. ab wann beginnt der Darlehensnehmer das Darlehen zu überzahlen.

5.3.1 Dynamische Amortisation mit Excel

Erinnert man sich an Kapitel 3.1.2 für das automatische Erkennen der aufzusummierenden Zellen, so ist die Realisierung in Excel wie folgt: Zu jedem Monat bilde die Excel-Summe aller aufgelaufenen Zahlungen durch Festsetzen des linken Zellenbezugs und kein Festsetzen für den rechten Zellbezug.

Die Technik ist im linken Bild der Wiederholung wegen dargestellt, das Ergebnis im rechten Bild:

	A	B	C
11	Monat	Cashflow	Amortisierung (kumulierte Summe)
12	0	60.000,00 €	60.000,00 €
13	1	-312,50 €	59.687,50 €
14	2	-312,50 €	=SUMME($B$12:B14)
15	3	-312,50 €	59.062,50 €

	A	B	C
11	Monat	Cashflow	Amortisierung (kumulierte Summe)
129	117	-312,50 €	23.437,50 €
130	118	-312,50 €	23.125,00 €
131	119	-312,50 €	22.812,50 €
132	120	-52.443,65 €	29.631,15 €

Abb. 87 Kumulierte Summe **Abb. 88 Vorzeichenwechsel kum. Summe**

Aus der kumulierten Summe in der Spalte Amortisierung erkennen wir, dass

- Der Saldo der Zahlungen bis zum 119. Monat durchweg positiv ist und
- Im 120. Monat der Saldo einen Vorzeichenwechsel erfährt.

Die Rechnung verdeutlicht, dass bis zum 119. Monat der Darlehensnehmer den Darlehensbetrag nicht zurückgeführt, im letzten Monat aber allem Anschein nach das Darlehen überbezahlt hat.

Der Grundgedanke der Kumulierung von Zahlungen ist inhaltlich richtig. Die Anwendung auf zeitlich weit auseinander liegende Beträge (z.B. 60.000,- EUR heute und letzte Zahlung 52.443,65 EUR in 10 Jahren) ist allerdings leider nicht haltbar: Wirtschaftlich betrachtet, hat der Betrag 52.443,65 EUR in 10 Jahren heute einen viel kleineren Wert und darf daher nicht mit dem Betrag von 60.000,- EUR heute verrechnet werden.

Die korrekte Betrachtung der Fristigkeit von Beträgen erfolgt über die Barwertmethode, d.h., die Beträge müssen entsprechend ihrer Laufzeit abgezinst (od. diskontiert) werden.

5.4 Barwert PAngV, Barwert eines Cashflows

Die Unzulänglichkeit des vorigen Abschnitts rührt daher, dass 100 EUR in einem Jahr heute nicht 100 EUR wert sind, sondern mit einem Abschlag versehen werden müssen. Dieser Abschlag wird mittels der Barwertrechnung ermittelt: Beträgt der Zinssatz für ein Jahr 3%, so folgt aus dem Dreisatz

$$1 \, EUR \quad \sim \quad 1 + 0{,}03 \, EUR$$
$$WertHeute \quad \sim \quad 100 \, EUR$$

der heutige Wert der 100,00 EUR als

$$WertHeute = \frac{100\,EUR}{(1+3\%)} = 97{,}09\text{ EUR}$$

Diesen Wert nennt man Barwert, weil er heute verfügbar ist. Betrachtet man auch den Zinseszins-Effekt, so erhält man die allgemeine Formel für den Barwert:

$$Barwert(Betrag, Laufzeit, Zinssatz) = \frac{Betrag}{(1 + Zinssatz)^{Laufzeit}}$$

wobei Zinssatz per anno ist und die Laufzeit in Jahren ausgedrückt werden muss, ggf. mit Nachkommastellen.

Die Preisangabenverordnung[20] (vgl. [PAngV]) macht für die Berechnung der Laufzeit folgende wirtschaftsnahe Spezifikation: Wird eine Laufzeit in Jahren, Monaten und Tagen angegeben, so wird diese wie folgt in eine Jahreszahl umgewandelt:

1. die Jahre bleiben unverändert,
2. die Monate werden durch 12 geteilt (12 Monate im Jahr) und
3. die Anzahl der Tage wird durch 365 geteilt. Die PAngV unterstellt somit 365 Tage im Jahr, einfachheitshalber werden Schaltjahre ignoriert.
4. Abschließend werden die Zahlen aus 1. bis 3. aufaddiert.

Beispiel: Ist der Betrag 100 EUR in 1 Jahr, 4 Monate und 14 Tagen fällig mit Zinssatz 3%, so beträgt der Barwert

$$\frac{100\,EUR}{(1 + 0{,}03)^{1+\frac{4}{12}+\frac{14}{365}}} = 96{,}03\,EUR$$

Die Bedeutung des Barwertes in diesem Beispiel: Um 100,00 EUR in 1 Jahr, 4 Monaten und 14 Tagen zu haben, muss man aus wirtschaftlicher Sicht 96,03 EUR für diese Zeit anlegen (mit 3% Zinssatz unterstellt).

Kritische Beurteilung des PAngV-Barwertes:

Die Berechnungsweise des Barwertes wie in [PAngV], ist sehr nahe an der wirtschaftlichen Realität, da der Zinseszins-Effekt berücksichtigt wird und die Berechnung der Laufzeit ebenfalls an den Kalender angelehnt ist. Kleine Abweichungen zum Kalender seien aufgezählt:

- Die Division der Monate durch 12 geht an dem Kalender vorbei, da nicht alle Monate gleich viele Tage haben. Korrekterweise müsste man mit der Anzahl der Tage rechnen.
  Letzteres Verfahren produziert für ein und denselben Cashflow unterschiedliche Ergebnisse, je nachdem ob Anfang Februar oder Anfang März gerechnet wird. Dies würde den Durchschnittskonsumenten mehr verwirren, als über den Preis des Darlehens aufklären, daher vereinfacht die PAngV die Umrechnung der Monate durch die Division mit 12.

---

20 Ein Gesetz zum Schutz von Privatpersonen im wirtschaftlichen Leben, speziell auch vor überteuerten Krediten.

- Gleiches Problem mit den Tagen: Selbst wenn Schaltjahre i.d.R. alle 4 Jahre vorkommen, müsste man diesen Effekt in dem Divisor für die Tageszahl berücksichtigen: Fällt ein Schaltjahr, so erfolgt die Division durch 366 Tage, ansonsten durch 365.

  Da auch diese Vorgehensweise die Verständlichkeit für den Durchschnittskonsumenten eher senkt als die Transparenz der Berechnung erhöht, rechnet PAngV mit 365 Tagen.

5.4.1 Barwert eines Cashflows mit Excel

Die Barwertformel in Excel-Schreibweise lautet

$$Barwert(Betrag, Laufzeit, Zinssatz) = Betrag/(1 + Zinssatz)^\wedge(Laufzeit)$$

Dafür muss man in Excel eine eigene Zelle für den Zinssatz definieren (im Bild unten C8), worauf die Barwertberechnung erfolgen kann. Im Abschnitt über die Zielwertsuche haben wir gesehen, dass die Wahl des Startwertes signifikant für das Ergebnis der Zielwertsuche ist. Daher folgender

Tipp: Als Anfangswert für den Effektivzinssatz (Zelle C8 im Beispiel) den Nominalzinssatz setzen. Für die Darlehenskalkulation ist dies ein guter Schätzer, um die Zielwertsuche zu starten. Das Newton-Verfahren der Zielwertsuche approximiert mit diesem Startwert recht schnell den Effektivzinssatz.

Im vorliegenden Beispiel also in die Zelle C8 (Effektivzinssatzes PAngV) den Wert 5,25% (Nominalzinssatz) eintragen.

Die Technik für den Aufbau der Barwerte-Spalte ist mittlerweile Standard: Die erste Zelle C12 mit der Formel versehen, den Zinssatz-Bezug $C$8 festsetzen und daraufhin „Bobbele-"-Doppelklick fortschreiben:

⊿	A	B	C
7			
8		Zinssatz:	5,25%
9			
10			
11	Monat	Cashflow	Barwert
12	0	60.000,00 €	=B12/(1+$C$8)^(A12/12)
13	1	-312,50 € -	311,17 €

Abb. 89 Barwertformel

⊿	A	B	C
7			
8		Zinssatz:	5,25%
9			
10			
11	Monat	Cashflow	Barwert
131	119	-312,50 € -	188,14 €
132	120	-52.443,65 € -	31.439,23 €

Abb. 90 Barwert

Im Bild[21] rechts sieht man die Auswirkungen der Fristigkeit: Die letzte Zahlung von 52.443,65 EUR in 10 Jahren ist heute nur 31.439,23 EUR wert, also knapp 40% weniger.

---

21 Beide Bilder verwenden die Fixierung der Fenster, siehe Kapitel 2.1.1.2. Im Bild links wurde das graphische Editieren von Formeln verwendet wie in Kapitel 2.2.2 beschrieben.

Tipp: Der Barwert eines Betrags heute (Zeitpunkt = Null) muss mit dem Betrag übereinstimmen. Daher empfiehlt es sich, die Barwertformel auch für den Zeitpunkt Null anzuwenden, um schnell ein Feedback über die Korrektheit der Formel zu erhalten – weicht das Ergebnis vom eingehenden Betrag ab, liegt ein Fehler vor.

5.5 Dynamische Amortisation mit Barwert

In diesem Abschnitt korrigieren wir die Amortisationsrechnung (Kapitel 5.3.1) mit der Barwertbetrachtung des vorigen Abschnitts: Statt der einzelnen Zahlungen werden die Barwerte derselben kumuliert. Dadurch ist der korrekte zeitliche Wert der Zahlungen erfasst und das Kumulieren der Beträge ergibt wirtschaftlich Sinn.

5.5.1 Effektivzins PAngV: $\sum$ Einzahlungen = $\sum$ Auszahlungen, faire Amortisierung

Für die Amortisierung in Excel wird neben der Barwert-Spalte eine neue Spalte aufgemacht und die kumulierte Summe implementiert, siehe Bild weiter unten.

In der vorletzten Zelle D131 der Amortisierungs-Spalte sieht man die Summe mit dem festgesetzten linken Rand – diese Formel wurde in Excel via „Bobbele"-Doppelklick fortgeschrieben. In der letzten Zelle D132 stellt man einen Vorzeichenwechsel fest.

Die wirtschaftlich korrekte Verwendung von Barwerten (statt der ursprünglichen Zeitwerte) weist eine kleinere Überzahlung des Darlehens auf als in dem ersten Ansatz zur Amortisation (nur 542,07 EUR statt 29.631,15 EUR, vgl. Kapitel 5.3.1). Für den gewählten Barwert-Zinssatz von 5,25% (dies ist auch der Nominalzinssatz) wird das Darlehen immer noch nicht als fair empfunden: Der Darlehensnehmer zahlt wirtschaftlich betrachtet 542,07 EUR mehr als er einnimmt.

⊿	A	B	C	D
7				
8		Zinssatz:	5,25%	
9				
10				
11	Monat	Cashflow	Barwert	Amortisierung (kumulierte Summe)
130	118	-312,50 €	- 188,94 €	31.085,30 €
131	119	-312,50 €	- 188,14 €	=SUMME($C$12:C131)
132	120	-52.443,65 €	- 31.439,23 €	- 542,07 €

Abb. 91 Dynamische Amortisierung: Kumulierte Barwert-Summe

Die natürliche Folgefrage lautet: Für welchen Zinssatz

- amortisiert sich der Cashflow am Ende der Laufzeit, oder für welchen Zinssatz
- gleichen sich Einzahlungen und Auszahlungen wirtschaftlich aus bzw. für welchen Zinssatz
- ist der Cashflow zu Laufzeitende weder über- noch unterbezahlt?

Offenbar ist der gesuchte Zinssatz ein Maß für die Beurteilung der Wirtschaftlichkeit des Cashflows bzw. des Darlehens.

Gesucht ist also der Zinssatz in Zelle C8, für welchen die kumulierte Summe der Barwerte Null ergibt. Hier greift die Zielwertsuche ein - die Zielzelle ist D132, die veränderbare Zelle C8 und der Zielwert die 0 (null):

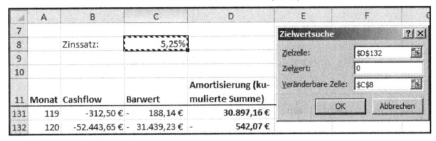

Abb. 92 Aufruf Zielwertsuche für den Effektiv-Zinssatz

Das Ergebnis der Zielwertsuche – der Effektivzinssatz – ist im folgenden Bild dargestellt.

	A	B	C	D	E	F
7					Status der Zielwertsuche	
8		Zinssatz:	5,38%		Zielwertsuche hat für die Zelle D132	
9					eine Lösung gefunden.	
10					Zielwert: 0	
11	Monat	Cashflow	Barwert	Amortisierung (kumulierte Summe)	Aktueller Wert: -0,00 €	
131	119	-312,50 € -	185,88 €	31.058,87 €		
132	120	-52.443,65 € -	31.058,87 € -	0,00 €		

Abb. 93 Effektivzinssatz als Ergebnis der Zielwertsuche

Für den Barwert-Zinssatz 5,38% halten sich somit die Ein- und Auszahlungen wirtschaftlich die Waage bzw. der Cashflow des Darlehens ist – wirtschaftlich! – zum Laufzeitende weder über- noch untergezahlt.

Diesen Zinssatz nennt man *Effektiv-Zinssatz* des Cashflows, und da die Barwertberechnung wie von der PAngV [PAngV] vorgeschrieben erfolgt, heißt er auch *Effektiv-Zinssatz PAngV*.

5.5.2 Vergleich Effektiv-/Nominalzinssatz

Zur Erinnerung an dieser Stelle – das Darlehen wurde mit dem Nominalzinssatz 5,25% mit einer monatlichen Rate von 312,50 EUR kalkuliert. Da die Rate unterjährig fließt, hat die Bank einen geldwerten Vorteil im Vergleich zur Situation der jährlichen Rückzahlung.

Dieser unterjährige Vorteil wird durch den Effektivzinssatz PAngV widergegeben: Wegen der unterjährigen Zahlweise der Rate mit 5,25% Nominalzinssatz, ist das Darlehen wirtschaftlich so gestellt, als wenn 5,38% Zinsen fällig wären.

Die Differenz von 5,38% - 5,25% = 0,13% mag weder ein wertmäßiges Gefühl vermitteln, noch groß erscheinen. Setzt man in der Excel-Zelle für den Barwert-Zinssatz den Nominalzinssatz 5,25% wieder ein, so fällt sofort die Barwert-Differenz auf:

	A	B	C	D
7				
8		Zinssatz:	5,25%	
9				
10				
11	Monat	Cashflow	Barwert	Amortisierung (kumulierte Summe)
131	119	-312,50 € -	188,14 €	30.897,16 €
132	120	-52.443,65 € -	31.439,23 € -	542,07 €

Abb. 94 Barwertdifferenz Nominal-/Effektiv-Zinssatz

Der geldwerte Vorteil der Bank, der durch die unterjährige Zahlweise entsteht, beträgt 542,07 EUR, also knapp 1% der ursprünglichen Darlehenssumme. Dieser Wertunterschied ist nur durch die Konditionierung des Darlehens entstanden, also durch unterjährige statt jährliche Zahlungsweise.

Merke: Für den wirtschaftlichen Vergleich von Darlehen wird der Effektiv-Zinssatz PAngV verwendet.

Im deutschen Rechtsraum müssen Banken für Privatkunden diesen PAngV-Effektiv-Zinssatz per Gesetz (PAngV = Preisangabenverordnung) ausweisen. Im Firmenkundengeschäft sind die Banken dazu nicht verpflichtet. Es obliegt daher den Unternehmen, die Effektivzinsrechnung durchzuführen bzw. zu prüfen. Da der PAngV-Effektiv-Zinssatz die wirtschaftliche Realität sehr gut abbildet, vgl. Kapitel 5.4, speziell den Abschnitt *Kritische Beurteilung des PAngV-Barwertes*, empfiehlt sich die oben geschilderte Berechnungsweise.

5.5.3   Effektiv-Zinssatz als Messlatte eines Cashflows

Der Effektivzinssatz gibt somit den Zinssatz des Darlehens basierend auf den tatsächlich geflossenen Zahlungen an – unter Berücksichtigung von Zinseszins-Effekten. Er eignet sich also als Maßstab für die Bewertung von Cashflows/Darlehen.

Welche Eigenschaften hat diese Messlatte für die Beurteilung von Darlehen? Der Effektivzinssatz ist invariant bezüglich Multiplikation mit einem Skalar, auf mathematisch

$$EffektivZinssatz(A * Cashflow) = EffektivZinssatz(Cashflow)$$

wobei A eine beliebige reelle Zahl ungleich Null ist und Cashflow ein beliebiger Cashflow. Die Multiplikation eines Cashflows mit einer reellen Zahl erfolgt durch die Multiplikation einer jeden Zahlung mit der besagten reellen Zahl.

Dies bedeutet, dass

- eine Halbierung des Darlehensbetrages

- oder eine Verdopplung des Darlehensbetrages

bei sonst gleichbleibenden Konditionen den Effektivzinssatz nicht beeinflusst. Insbesondere lässt sich i.a. der Effektivzinssatz der Summe von zwei unterschiedlichen Cashflows nicht aus den Effektivzinssätzen der einzelnen Cashflows herleiten.

Damit sind auch die Grenzen des Effektivzinssatzes aufgezeigt: Der Effektivzinssatz ist ein – nach einheitlichen Kriterien – *relatives Maß* für die Bewertung von Cashflows (Darlehen, Finanzierungen, etc.). Aus den Effektivzinssätzen zweier Cashflows kann man i.d.R. nicht auf den Effektivzinssatz der Summe der Cashflows Rückschlüsse ziehen:

$$\text{Effektivzinssatz(Cashflow1 + Cashflow2)}$$
$$\neq \text{Effektivzinssatz(Cashflow1)} + \text{Effektivzinssatz(Cashflow2)}$$

Ein besseres Maß wird im Kapitel 7 vorgestellt. Die Marktwertmethode ist im Vergleich zum Effektivzinssatz ein besseres Maß für Finanzierungen, u.a. ist der Marktwert linear in den Cashflows, vgl. die Eigenschaften GKM-Barwert am Ende des Kapitels 7.2.

5.6 Fehlerquellen und Hilfe im Fehlerfall

Für dieses Kapitel ergeben sich die Fehlerquellen und die Hilfe dazu aus den vorhergehenden Kapiteln. Einige heiße Kandidaten werden in den nächsten Abschnitten aufgegriffen.

5.6.1 Barwert nicht plausibel

Situation: Die wie in Kapitel 5.4.1 errechneten Barwerte erscheinen nicht plausibel.

Problem: Die Barwertformel ist nicht richtig in Excel implementiert.

Abhilfe: Die mathematische Korrektheit der Formel überprüfen, speziell die Klammerungen (auch der Exponential-Zahl!). Ist die erste Formel noch korrekt, so muss die Fortschreibung via F2-Enter geprüft werden, vgl. Kapitel 2.2.3, bzw. Fehlerquelle Kapitel 2.6.3.4.

5.7 Übungsaufgaben

1. Arbeiten Sie die Excel-Dateien (Download unter [ZM]) zum Kapitel durch, und zwar:
   a. Aus dem Verzeichnis *ExcelDateienBuch* die Dateien zum Buch
   b. Aus dem Verzeichnis *Fehlerbewältigung* die Dateien zu den Fehler-Quellen
   c. Aus dem Verzeichnis *Uebungen* die Übungsaufgaben.

2. Für das Darlehen aus dem Kapitel 3.6, Aufgabe 3 mit folgendem Zusatz

   - Es wird nicht der Nominalbetrag von 60.000,00 EUR ausgezahlt sondern nur 55.000,00 EUR

   soll der Cashflow aufgestellt und der Effektivzinssatz PAngV berechnet werden.

   Hinweis: Im Vergleich zum Cashflow des vorliegenden Kapitels ändert sich nur der erste Cashflow. Der neue Effektivzinssatz PAngV beträgt numerisch 6,63924…%.

3. Nominalzinssatz und anfängliche Tilgung eines Konsumentenkredites: Für den Konsumentenkredit über 1.000 EUR mit Laufzeit 2 Jahre wird eine monatliche Rate von 43,29 EUR vereinbart. Berechnen Sie:

   a. Den unterstellten Nominalzinssatz

   b. Den anfänglichen Tilgungssatz

   für dieses Darlehen. Die Bank gibt den Effektivzinssatz für dieses Darlehen mit 3,75% an, überprüfen Sie diese Angabe!

   Hinweis: Die Darlehenskalkulation wie in Kapitel 2 muss mit einem eigenen Nominalzinssatz durchgeführt werden, z.B. 4% (Da die Rate gegeben ist, wird der anfängliche Tilgungssatz anfänglich nicht benötigt). Sobald das Darlehenskonto steht, kann man mit der Zielwertsuche zur Berechnung des Nominalzinssatzes übergehen: Die bereits bekannten Schritte sind die Restschuld in 2 Jahren als Zielzelle null setzen und als veränderbare Zelle den Nominalzinssatz wählen. Numerisch erhält man einen Nominalzinssatz von 3,69658…%. Wenn Nominalzinssatz, Rate und Darlehenssumme gegeben sind, kann man mit der ersten Formel aus Kapitel 3.2.3, den anfänglichen Tilgungssatz ausrechnen (numerisch: 48,25141…%).

   Die Effektivzinsberechnung ergibt einen numerischen Wert von 3,75986…%, was kaufmännisch auf 3,76% gerundet wird. Der angegebene Effektivzinssatz von 3,75% benachteiligt den Darlehensnehmer um knapp einen Prozentpunkt 0,01%. Dies mag nicht viel erscheinen. Für größere Darlehens-Beträge verzeichnet man größere Rundungsfehler.

6 SVerweis: Verknüpfen von Daten

Lernziele: 1. Verknüpfung von Daten mit SVerweis

2. Exakte und approximative Übereinstimmung

3. Stolpersteine SVerweis

6.1 Motivation

SVerweis[22] (oder auf Englisch VLookup)[23] ist die wichtigste Excel-Funktion für das Zusammenfügen von Daten und eine der am häufigsten verwendeten Excel-Funktionen überhaupt. Obwohl Excel nicht zwischen Groß- und Kleinschreibung unterscheidet, werden im vorliegenden Buch Buchstaben von Teil-Wörtern der besseren Lesbarkeit wegen großgeschrieben. Somit steht *SVerweis* für *S*enkrechter *Verweis*.

Anhand von Beispielen ist SVerweis am besten erlernbar, daher werden im Folgenden einfache, typische Anwendungen von SVerweis verwendet.

6.2 Exakte Übereinstimmung

Ein Unternehmen hat folgende Kundenkartei und Umsatzliste zur Verfügung (jeweils Ausschnitte):

	A	B	C
2	Kundenkartei:		
3	Kunden-No.	Geschlecht (W/M)	Name
4	KN001	M	Kohl
5	KN002	M	Schröder
6	KN003	W	Merkel

	A	B	C
10	Umsatzliste(Belege)		
11	Beleg-No.	Kunden-No.	Umsatz
12	10000001	KN003	751,81 €
13	10000002	KN001	468,35 €
14	10000003	KN002	693,29 €

Abb. 95 Kundenkartei   **Abb. 96 Umsatzliste (zu ergänzen)**

Eine interessante Fragestellung für jedes Unternehmen ist es, die Kundenstruktur[24] zu ermitteln, zum Beispiel: Welche Umsätze wurden nach dem Geschlechtsmerk-

---

22 SVerweis = Senkrechter Verweis.

23 VLookup = Vertical Lookup, englisch für „senkrecht nachschlagen". Im internationalen Kontext ist es wichtig den englischen Namen einordnen zu können.

24 In der Marketingsprache: Segmentierung

mal W/M getätigt? Um diese Frage zu beantworten, müssen die Umsätze mit der Information W/M ergänzt werden, um danach die Summen zu bilden.

In diesem Abschnitt wird der Zusammenführung der obigen Datenbereiche mit Hilfe von SVerweis dargestellt, für die Summation wird auf das Kapitel 12 verwiesen.

6.2.1   Algorithmus SVerweis exakte Übereinstimmung

Nach folgendem Algorithmus ergänzt man die Umsätze mit dem Merkmal W/M:

1. Bestimme die Kundennummer des ersten Umsatzes (Zeile 12): KN003.
2. Suche in der Kundenkartei die erste Zeile mit der Kundennummer KN003: Excel-Zeile 6.
3. Aus der 6. Excel-Zeile der Kundenkartei hole den Wert W aus der 2. Spalte B.
4. Trage den gefundenen Wert in eine neue Spalte rechts von Umsatz ein (Abb. 97).
5. Wiederhole die obigen Schritte für alle Zeilen der Umsatzliste.

Umsatzliste(Belege)			
Beleg-No.	Kunden-No.	Umsatz	Geschlecht (W/M)
10000001	KN003	751,81 €	M

Abb. 97 Manuelles Ergänzen eines Umsatzes

Damit ist die Ergänzung der ersten Umsatzzahl mit dem Merkmal Geschlecht abgearbeitet.

Den obigen Algorithmus manuell für alle Einträge der Umsatzliste durchzugehen, ist wegen der vielen Suchoperationen sehr zeitraubend und aufwändig, daher auch fehleranfällig. Die automatisierte Version davon wird von SVerweis realisiert.

6.3   SVerweis Aufruf in Excel

Der Aufruf von SVerweis erfolgt am schnellsten über den Funktionsassistenten, vgl. Kapitel 2.3.1.

Tipp zu SVerweis im Funktionsassistent: Wegen des V's im Funktionsnamen S_Verweis ist die Funktion am Ende der Funktionen mit Anfangsbuchstaben S zu finden. Schnell nach SVerweis kann man daher suchen, indem man T tippt und einen Eintrag zurückgeht, um auf SVerweis zu stoßen. Dies ist einfacher als S zu tippen und geduldig nach unten scrollen (Bildschirmlauf) um am Ende der S-Funktionen SVerweis zu finden.

Ruft man SVerweis mit dem Funktionsassistenten auf, so erscheint die aus Kapitel 2.3.1 bekannte Eingabemaske wie im nächsten Bild dargestellt. In diesem Bild sind einfachheitshalber nur die Eingabeparameter abgebildet; die Beschreibung der

Parameter im Funktionsassistenten ist nach wie vor eine sehr brauchbare und angenehme Hilfestellung.

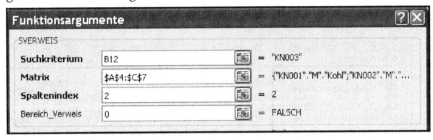

Abb. 98 SVerweis Funktionsargumente

Die Kurzbeschreibung der 4 Parameter:

- *Suchkriterium* oder Such-Schlüssel: Nach diesem Parameter sollen die Daten ergänzt werden.
- *Matrix*: In diesem Excel-Bereich soll gesucht werden.
- *Spaltenindex*: Für die in Matrix gefundene Zeile mit dem Wert des Suchkriteriums, soll die Spalte Spaltenindex als Ergebnis zurückgeliefert werden.
- *Bereich_Verweis*: Ein Kennzeichen, welches den Suchalgorithmus auswählt. Ist dieser Wert auf

   a. 0 (Null) gesetzt, so wird die exakte Übereinstimmung verwendet wie im obigen Abschnitt 6.2.1 beschrieben. Ist er hingegen auf

   b. 1 (Eins) gesetzt, so wird der Algorithmus zur approximativen Übereinstimmung verwendet, wie im nächsten Abschnitt beschrieben.

Excel akzeptiert als Eingabewerte für den Parameter *Bereich_Verweis* auch die Werte WAHR (für Eins) bzw. FALSCH (für Null). In einer internationalen Umgebung (z.B. Firma) werden zwar die bereits eingegebenen Bezeichnungen WAHR / FALSCH beim Öffnen von Dateien von Excel automatisch in die richtige Sprache übersetzt; für die Eingabe bzw. Interpretation muss man sich jedoch immer der Excel Sprach-Einstellungen bewusst sein und die Wörter WAHR / FALSCH in der entsprechenden Sprache parat haben. Das Eintragen von 0 (Null) und 1 (Eins) ist dafür viel einfacher, daher der

Tipp: Für den Parameter *Bereich_Verweis* die Werte 0 (Null) für Falsch oder 1 (Eins) für Wahr verwenden.

Trägt man keinen Wert ein für *Bereich_Verweis* so ist die Voreinstellung abhängig von der Excel-Version. Excel 2007 hat den Wert 1 (Eins) für *Bereich_Verweis* voreingestellt.

Tipp: Für den Parameter *Bereich_Verweis* immer manuell den gewünschten Wert eintragen.

6.4   Beste Approximation

Ein Automobilhersteller hat folgende Lieferungen erhalten und eine interne Klassifikation von Lieferungen aufgestellt (Ausschnitt):

	A	B	C	D	E	F	G	H	I	J
2	Lieferungen:					Klassifikation Lieferungsgüte				
3	Lfd-No.	Lieferant	Abweichung Ist-Soll in Milimeter	Automatische Klassifikation		Ab Milimeter	Bis Milimeter	Kategorie	Bedeutung	
4	1	Denso	1,01	#NV		0	3	SG	Sehr Gut	
5	2	Bosch	3,06			3	6	AK	Akzeptabel	
6	3	Magna	1,16			6	offen	R	Reklamation	
7	4	Magna	4,37							

Abb. 99 SVerweis (Zelle D4) mit unscharfem Suchkriterium (Zelle C4)

Gefragt ist die Klassifikation der Lieferungen in SG, AK oder R. Da in der Praxis die Liste der Lieferungen deutlich länger ist als im Bild, kommt nur eine automatisierte Klassifikation in Frage. Wären nun die Werte 1,01 mm, 3,06 mm, etc. der Soll-Ist Abweichungen (Spalte C) in der Klassifikation-Spalte F wiederzufinden, so würde man SVerweis wie folgt verwenden (mit der Fehlermeldung der Zelle D4 im Bild oben links):

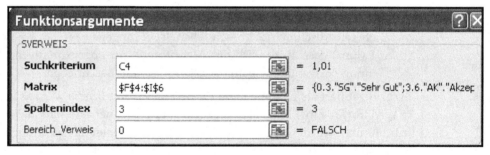

Abb. 100 SVerweis Funktionsargumente approximative Suche

Der Haken an diesem Aufruf (Fehler #NV in Zelle D4): SVerweis sucht nach *exakter* Übereinstimmung in der Spalte F. Für den Wert 1,01 mm beispielsweise ist allerdings die untere Schranke 0 maßgeblich, für den Wert 3,06 mm die untere Schranke 3 usw. Hier benötigen wir also eine SVerweis-Variante mit folgender Suchvorschrift (vgl. Aufzählungspunkt 2. zu Beginn des Abschnitts 6.2.1):

- Ist keine exakte Übereinstimmung vorhanden, so wähle den größten Wert, der kleiner ist als der gesuchte Wert.

Tatsächlich kommt SVerweis dieser Bedingung nach, falls man den Parameter Bereich_Verweis auf den Wert 1 (Eins) setzt. Der Vergleich ist-kleiner-als wirft neue Fragen auf: Wie reagiert SVerweis, falls z.B. der erste Wert in der Liste der größte ist und die kleiner-als Bedingung gleich zu Beginn nicht erfüllt wird?

6.4.1 Algorithmus SVerweis beste Approximation

Ersetzt man im Algorithmus aus Kapitel 6.2.1 den 2. Schritt durch folgende Vorschrift:

2′. Prüfe, ob das Suchkriterium kleiner-oder-gleich als der aktuelle Matrix-Wert ist: Wenn nein, nimm den Wert in der davor gehenden Zeile als Ergebnis, sonst setze die Suche mit der nächsten Zeile des Suchbereichs fort.

so erhält man die Funktionsweise von SVerweis mit bester Approximation.

Ist die Bedingung kleiner-oder-gleich schon zu Beginn der Liste nicht erfüllt so hat SVerweis keine davor gehende Zelle bzw. Wert gefunden und gibt einen Fehler der Form #NV zurück. Auf folgendes ist damit unbedingt zu achten:

> **Damit SVerweis mit bester Approximation richtig funktioniert, muss der Suchbereich (=Matrix) aufsteigend nach der ersten Spalte sortiert sein.**

Ansonsten funktioniert SVerweis mit bester Approximation wie in Kapitel 6.2.1.

6.5 Die Parameter von SVerweis

6.5.1 Suchschlüssel (Suchkriterium)

In das Feld „Suchkriterium" darf genau ein Wert oder eine Zelle eingetragen werden. Werden mehrere Zellen (ein Zellbereich) angegeben, reagiert SVerweis ohne Vorwarnung oder sonstigen Details mit einer Fehlermeldung (#-Fehler).

6.5.2 Matrix

SVerweis akzeptiert nur einen zusammenhängenden Bereich. Werden mehrere Bereiche angegeben, reagiert SVerweis wie oben mit dem Fehler #NV, ohne Vorwarnung oder Details. Zu beachten ist auch, dass SVerweis das Suchkriterium in der ersten Spalte der Matrix erwartet.

Gelegentlich sieht die Excel-Dokumentation vor, dass die Matrix aus mindestens 2 Spalten besteht. SVerweis akzeptiert auch eine Matrix bestehend aus nur einer Spalte und funktioniert auch korrekt damit. Wann macht nur eine Matrix-Spalte Sinn? Falls in dieser Spalte das Suchkriterium gesucht werden soll ist nur eine Spalte sinnvoll, man prüft damit ab, ob das Suchkriterium vorkommt oder nicht. Beispiel: Die Soll-Liste von Materialnummern lt. Materialstamm-Datenbank / Inventar[25] mit der Ist-Liste der Materialnummern lt. Inventur[26] abstimmen.

---

25 Inventar: Bestandsliste eines Unternehmens, fortlaufend aktualisiert: SOLL-Stand

26 Inventur: Die Erfassung aller tatsächlich vorhandenen Bestände zu einem Stichtag: IST-Stand

6.5.3   Spaltenindex

Der Spaltenindex muss eine ganze Zahl größer oder gleich Eins sein. Die Spalten-zählung der Matrix beginnt mit der Spalte 1 (Eins). Wird als Index eine Zahl klei-ner oder gleich Null angegeben, reagiert SVerweis in typischer Manier – ohne Vorwarnung oder Fehler-Details – mit dem Fehler #NV.

6.5.4   Bereich_Verweis: Genaue oder approximative Suche

Dies ist ein schwieriges Flag, da es häufig Verwirrung stiftet. Schon der Name ist wenig aussagekräftig. Generell sollte man dieses Flag immer setzen und sich nicht auf die Default-Werte von Excel verlassen.

Folgende Werte werden akzeptiert:

- Der Wert 0 (Null) steht für exakte Übereinstimmung, siehe Algorithmus in Ka-pitel 6.2.1
- Der Wert 1 (Eins) steht für die approximative Suche (beste Näherung), siehe Kapitel 6.4.1

Auf folgendes ist für die Vorbelegung dieses Parameters unbedingt zu achten: Wird kein Wert für dieses Flag angegeben, so hängt das Verhalten von SVerweis allem Anschein nach von der verwendeten Excel-Version ab. In den Versionen ab Excel 2007 scheint die Vorbelegung 1 (Eins) zu sein. Somit verwendet SVerweis implizit den Algorithmus beste Approximation, falls kein Eintrag für Be-reich_Verweis vorgenommen wird. SVerweis-Einsteiger sind davon häufig über-rascht wenn die Suche nach einem Wert nicht exakt, sondern annähernd erfolgt.

6.6   Zusammenspiel der Parameter

6.6.1   Schlüssel und Matrix

Der Schlüssel wird in der Matrix immer in der ersten Spalte (von links gezählt) gesucht. Wird die Matrix erweitert, z.B. durch das Einfügen von Spalten, so läuft SVerweis- ohne Vorwarnung oder Fehlerdetails auf die typische Fehlersituation #NV hinaus.

6.6.2   Matrix und Spaltenindex

Der Spaltenindex bestimmt, aus welcher Spalte der SVerweis-Rückgabewert ge-nommen wird. Dafür gilt folgende restriktive Regel: Der Spaltenindex muss sich innerhalb der Matrix befinden.

Nun kommt es in der Praxis durchaus vor, dass die Rückgabe-Spalte sich eigent-lich links von der Matrix befindet. Da die negativen Zahlen mittlerweile ein All-gemein-Bildungsgut sind, würde man erwarten, dass ein negativer Spaltenindex verwendbar wäre. Für solche Fälle muss man Excel-Engineering wie im Kapitel 6.7.1 weiter unten betreiben, SVerweis hält an der obigen restriktiven Regel fest.

6.7 Fortgeschrittene Techniken SVerweis

6.7.1 Spaltenindex außerhalb der Matrix

Die ursprünglichen Datenbasis sei nun leicht abgewandelt – statt der Belege ist es

	A	B	C
2	Kundenkartei:		
3	Kunden-No.	Geschlecht (W/M)	Name
4	KN001	M	Kohl
5	KN002	M	Schröder
6	KN003	W	Merkel

	A	B
10	VIP-Liste	
11	Name	Kunden-No.
12	Merkel	
13	Schröder	
14	Kohl	

Abb. 101 Datenbasis SVerweis   **Abb. 102 Zu vervollständigen**

nun erforderlich, die VIP-Liste (Bild rechts) mit der Kundennummer aus dem Bild links zu vervollständigen. Die Spalte der Kundennummern befindet sich jedoch links von der Spalte der Namen, ein Spaltenindex von -2 wäre erforderlich, wie im nächsten Bild dargestellt.

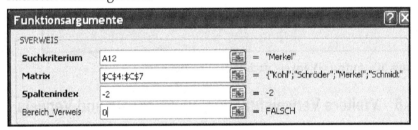

Abb. 103 Intuitiver Ansatz: Negativer Spaltenindex

SVerweis lehnt jedoch negative Indizes mit einer Fehlermeldung ab.

Da die gesuchten Werte immer in der linken Spalte der Matrix stehen müssen (hier die Namen), sich die Rückgabewerte (hier die Kundennummer) aber links davon befinden, bleibt nichts anderes über, als sich eine geeignete Matrix zu schaffen. Eine Möglichkeit die Spalte Kunden-No. rechts von Name zu bekommen, besteht darin eine Kopie davon zu machen:

- Füge eine neue Spalte rechts von Spalte C „Name" ein, die neue Spalte D.
- Kopiere via Zuweisung[28] den Werte der Zelle A4 nach D4.
- Mit „Bobbele"-Doppelklick (Zelle D4 als Start) die Spalte D vervollständigen.

Durch die obigen Schritte ist sichergestellt, dass sich die gesuchte Spalte (Index) rechts von der Spalte der Suchkriterien befindet.

---

28 Vgl. Kapitel 2.3.4.

Das „Kopieren via Zuweisung" im 2. Schritt oben stellt sicher, dass Änderungen in der Spalte A sich auf die Spalte D auswirken. Das Bild nach Excel-Engineering ist im folgenden Bild links dargestellt.

	A	B	C	D
2	Kundenkartei:			
3	Kunden-No.	Geschlecht (W/M)	Name	Kunden-No.
4	KN001	M	Kohl	=A4
5	KN002	M	Schröder	KN002
6	KN003	W	Merkel	KN003

	A	B
10	VIP-Liste	
11	Name	Kunden-No.
12	Merkel	
13	Schröder	
14	Kohl	

Abb. 104 Abzugreifende Spalte rechts vom Kriterium   **Abb. 105 Zu vervollständigen**

In dieser Datenkonstellation ist SVerweis mit exakter Übereinstimmung möglich:

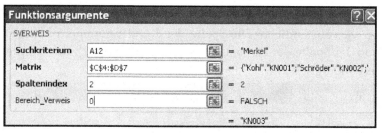

Abb. 106 Aufruf SVerweis nach Excel-Engineering

6.8 Weitere Verweisfunktionen: WVerweis und Verweis

Liegen die zusammenzuführenden Daten nicht in einer in Spalten organisierten Tabelle vor, sondern in Zeilen, bietet Excel dafür eine waagerechte Variante an. Entsprechend heißt diese Funktion WVerweis für *Waagerechter Verweis*. Da der Datenlauf in Excel i.d.R. senkrecht und nicht waagerecht gerichtet ist, findet WVerweis nur selten Anwendung. Bis auf die Vertauschung von senkrecht mit waagerecht sind die Funktionen SVerweis und WVerweis gleich. Die Excel-Funktion Verweis hingegen fristet ein Schattendasein bedingt durch

- zwei unterschiedliche Aufruf-Formen: Verweis bietet zwei sehr verschiedene Parameterlisten an.
- Die Inhaltliche Komplexität von Verweis wird selten gebraucht.

Daher wurde auf die eingehende Darstellung von WVerweis und Verweis im vorliegenden Buch verzichtet.

6.9 Fallbeispiel Soll/Ist Abgleich

Eine häufige Aufgabenstellung im praktischen Leben ist der Abgleich von Listen[29] in Excel – auf der einen Seite die SOLL-Liste, auf der anderen Seite die Liste der IST-Daten. Das Beispiel für diesen Abschnitt ist ein Soll-Ist Abgleich von Materialstammdaten, im Bild ein Ausschnitt der SOLL-Liste (lt. Buchhaltung):

	A	B	C
1	Werk	Materialnummer	Bestand EUR
2	Werk_B	100000005	88.228,00 €
3	Werk_C	100000005	50.232,00 €
4	Werk_A	100000003	20.000,00 €
5	Werk_A	100000002	91.542,00 €

Soll / Ist / 1. Soll m Spalte Suchkriteriu

Abb. 107 Soll-/Ist-Abgleich

Für den Abgleich muss man folgende Punkte beachten:

1. Für Datensätze, welche in beiden Listen vorkommen: Haben diese Datensätze die gleichen EUR-Bestände?
   → Hat man die beiden Versionen SOLL- und IST der Datensätze zusammengefunden, so muss offenbar die Differenz der Kennzahlen als Unterscheidungskriterium „ist gleich/ungleich" herhalten.
2. Gibt es Daten in der SOLL-Liste, welche in der IST-Liste fehlen?
   → Hierzu muss man die SOLL-Liste als führend betrachten und dieser Liste die IST-Daten gegenüberstellen.
3. Gibt es Daten in der IST-Liste, welche in der SOLL-Liste fehlen?
   → Hierzu muss man die IST-Liste mit der SOLL-Liste abgleichen, siehe Punkt 1 mit vertauschten SOLL-/IST-Listen.

Die Identifikation von Datensätzen in den obigen Punkten 1 bis 3 – die Antwort auf die Frage: Wann sind zwei Datensätze gleich? – wird anhand von „Schlüssel"-Merkmalen vorgenommen. Schlüssel-Merkmale sind Merkmale mit der Eigenschaft, dass Datensätze als gleich betrachtet werden, wenn deren Schlüssel-Werte übereinstimmen.

Beispiel: Ein Materialstamm im obigen Bild wird durch das Werk und die Materialnummer identifiziert. Sobald die Werte dieser beiden Merkmale übereinstimmen, haben wir es mit dem gleichen Materialstamm zu tun.

Offenbar ist SVerweis ein heißer Kandidat für die Zusammenführung der SOLL- und IST-Datensätze. Im vorliegenden Beispiel werden jedoch die beiden Spalten

---

29 Liste im Sinne der Umgangssprache, also eine aufeinanderfolgende Reihe von gleichstrukturierten Daten. Für Listen im Sinne von älteren Excel-Versionen siehe Anhang II.

Werk und Materialnummer für den SVerweis-Parameter „Suchkriterium" benötigt, SVerweis selbst sieht für diesen Parameter aber nur eine Spalte vor. Die Abhilfe lautet: Die beiden Spalten Werk und Materialnummer in einem Zwischenschritt
- unter Beibehaltung des Informationsgehalts - zu einer Spalte verschmelzen. Die
einfachste Art dies zu tun, ist die beiden Spalten als Text zu verketten.

6.9.1 Vorarbeiten: Suchkriterium für SVerweis erstellen

Um SVerweis mit einem Suchkriterium aufrufen zu können, fügt man im Excel-
Blatt des obigen Bildes eine neue Spalte mit der Überschrift Suchkriterium ein:

	A	B	C	D
1	Suchkriterium	Werk	Materialnummer	Bestand EUR
2		Werk_B	100000005	88.228,00 €
3		Werk_C	100000005	50.232,00 €
4		Werk_A	100000003	20.000,00 €
5		Werk_A	100000002	91.542,00 €

Abb. 108 Zusammengesetztes Suchkriterium via Verketten

In der ersten Datenzelle A2 der Spalte den Funktionsassistenten aufrufen (siehe
Kapitel 2.1.3) und in der Kategorie „Text" die Funktion „Verketten" aussuchen (im
Fenster „Funktion auswählen:" den Anfangsbuchstaben V des Funktionsnamens
drücken):

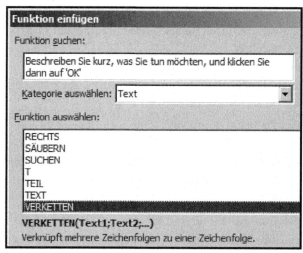

Abb. 109 Aufruf Verketten vermöge Funktionsassistent

Wählt man die Funktion Verketten mit einem Doppel-Klick aus, so erscheint das
Fenster mit den Eingabeparametern für Verketten (im Bild unten in der rechten
Hälfte). Die Bestückung der Parameter ist wie folgt:

- in Text1 die Zelle B2 für das zugehörige Werk (1 Mauszeiger im Bild) und
- in Text2 die Zelle C2 für die Materialnummer (2 Mauszeiger im Bild)

Abb. 110 Verketten der Merkmale zum zusammengesetzten Suchkriterium

Bestätigen mit OK der Verketten-Parameter und Fortschreiben der Zelle A2 ergibt die SOLL-Liste mit den verketteten Merkmalen Werk und Materialnummer:

	A	B	C	D
1	Suchkriterium	Werk	Materialnum-mer	Bestand EUR
2	Werk_B100000005	Werk_B	100000005	88.228,00 €
3	Werk_C100000005	Werk_C	100000005	50.232,00 €
4	Werk_A100000003	Werk_A	100000003	20.000,00 €
5	Werk_A100000002	Werk_A	100000002	91.542,00 €

A2 ƒx =VERKETTEN(B2;C2)

Abb. 111 Werk und Materialnummer als Suchkriterium

Nach diesem Muster erhält auch die IST-Liste eine neue Spalte „Suchkriterium", worin das Werk und die Materialnummer verkettet werden.

Was wurde mit diesen Vorbereitungen erreicht: Die beiden Listen haben genau ein Suchkriterium und können somit mit SVerweis verknüpft werden.

6.9.2   Abgleich SOLL gegen IST

Beispielhaft sei die SOLL-Liste gegen die IST-Liste abgeglichen. Dafür in der SOLL-Liste die noch freie Spalte E mit „IST-Liste: Bestand" beschriften und den

Abb. 112 Aufruf SVerweis in der F2-Darstellung

Betrag aus der IST-Liste zum Suchkriterium aus Spalte A hinzufügen. Der Aufruf von SVerweis in der Zelle E2 ist wie folgt aufgebaut:

- Das SVerweis-Suchkriterium wird aus Zelle A2 genommen, die eigens dafür aufgebaut wurde.
- Die SVerweis-Matrix wird aus dem Excel-Blatt für die IST-Datensätze

'3. IST m Verkettetem Schlüssel' gezogen, und zwar wird der gesamte Datenbereich $A$2:$D$18 eingetragen und festgesetzt.

- Der SVerweis-Parameter „Spalten-Index" ist 4, in der 4. Spalte von links befindet sich der IST-Betrag.
- Die Suchstrategie lautet „genaue Übereinstimmung", der letzte SVerweis-Parameter wird somit auf 0 (Null) gesetzt.

Schreibt man nun die Zelle E2 für den gesamten SOLL-Bereich fort und bildet die Differenz SOLL-Bestand – IST-Bestand, so ergibt sich folgendes Bild:

	A	B	C	D	E	F
	SVERWEIS ▾ × ✓ *fx* =D2-E2					
1	Suchkriterium	Werk	Materialnummer	Bestand EUR	IST-Liste: Bestand	Delta SOLL - IST
2	Werk_B100000005	Werk_B	100000005	88.228,00 €	88228	=D2-E2
3	Werk_C100000005	Werk_C	100000005	50.232,00 €	50232	- €
4	Werk_A100000003	Werk_A	100000003	20.000,00 €	17578	2.422,00 €
5	Werk_A100000002	Werk_A	100000002	91.542,00 €	91542	- €
6	Werk_B100000001	Werk_B	100000001	45.323,00 €	61319	- 15.996,00 €
7	Werk_B100000006	Werk_B	100000006	40.673,00 €	40673	- €
8	Werk_A100000001	Werk_A	100000001	25.348,00 €	45323	- 19.975,00 €
9	Werk_C100000006	Werk_C	100000006	64.737,00 €	64737	- €
10	Werk_C100000003	Werk_C	100000003	25.639,00 €	25639	- €
11	Werk_C100000004	Werk_C	100000004	33.004,00 €	33004	- €
12	Werk_C100000001	Werk_C	100000001	61.319,00 €	#NV	#NV

Abb. 113 Delta Soll - Ist

In der Spalte F erkennt man

- Die Abweichungen der Bestände, insofern vorhanden, z.B. Zeile 4: Das Material Werk_A100000003 hat eine Abweichung von 2.422,00 EUR vom SOLL, sowie
- Die in der IST-Liste (im Vergleich zu SOLL) nicht vorhandenen Materialien, z.B. Zeile 12: Werk_C100000001 ist in der IST-Liste nicht vorhanden, erkennbar an der SVerweis-Fehlermeldung #NV.

Um dem Punkt

- in der SOLL-Liste im Vergleich zu IST nicht vorhandene Materialien

nachzugehen, muss man analog zu den obigen Schritten den SVerweis-Abgleich basierend auf der IST-Liste durchführen.

6.10 Fehlerquellen und Hilfe im Fehlerfall

Wie auch in den vorigen Kapiteln vgl. auch [ZM] für praktische Beispiele.

6.10.1 SVerweis liefert einen #-Fehler

Situation: Nach Eingabe aller Parameter liefert SVerweis als Ergebnis #NV.

Problem: Die Parameter stimmen einzeln oder im Zusammenhang nicht.

Abhilfe: Einzige Lösung hier ist es, die Parameter einzeln zu prüfen, am einfachsten in dem man den Funktionsassistenten (Kapitel 2.3.1) aufruft:

1. Prüfung des Suchkriteriums:

    a. Das Suchkriterium darf keinen Bereich enthalten, sondern nur eine Zelle.

    b. In der Regel ist diese Zelle nicht festgesetzt, da sie beim Fortschreiben von Zellen mitgeführt/aktualisiert werden soll.

    c. Stimmt der Wert nach dem gesucht werden soll?
    → Wert wird im Funktionsassistenten widergegeben.
    Speziell Leerzeichen vor/nach Zeichenketten/Zahlen bereiten Probleme, da man diese nicht ohne weiteres erkennt.

2. Prüfung der Matrix:

    a. Ist die erste Spalte in der Matrix diejenige, in der das Suchkriterium gefunden werden soll? Falls nein: Matrix anpassen, so dass die erste Spalte dem Suchkriterium entspricht.

    b. Falls die Matrix Spalten-Überschriften enthält: Sind die Spalten-Überschriften Bestandteil der angegebenen Matrix? Wenn ja, verfälscht die erste Spaltenüberschrift womöglich das Ergebnis. Spaltenüberschriften sind i.d.R. nicht Bestandteil der Matrix. Generell gilt: Nur die benötigten Zeilen in die Matrix einfügen, weitere Zeilen ober- oder unterhalb verfälschen das Suchergebnis.

    c. Falls beste Approximation gesucht wird: Ist die Matrix sortiert?

    d. I.d.R. müssen die Zellbezüge, die die Matrix bestimmen, festgesetzt werden, da i.d.R. die SVerweis-Funktion fortgeschrieben wird.

    e. Sonderfall beste Approximation:
    Falls der gesuchte Wert (Suchkriterium) kleiner ist als der erste Wert der sortierten Matrix (Ecke links oben), so liefert SVerweis #NV als Fehler. Die Ursache ist aus technischer Sicht logisch: Kein Wert gefunden, der kleiner-oder-gleich dem gesuchten Wert ist.
    Für die Anwendung von SVerweis bedeutet dies: der erste Wert (Matrix-Ecke links-oben) muss kleiner-oder-gleich sein, als jeder gesuchte Wert. Ist dies nicht der Fall, so muss eine eigene Zeile mit einem entsprechenden Wert in der 1. Matrixspalte eingefügt werden.

3. Prüfung des Spaltenindex:

    a. Ist der Spaltenindex > 0? Falls nein und eine Suche „links von der Matrix" beabsichtigt wird, siehe Kapitel 6.7.1. Ansonsten sicherstellen, dass der Spaltenindex in den Spalten der Matrix verweist (und nicht außerhalb).

b. Verweist der Spaltenindex auf die richtige Spalte innerhalb der Matrix? Das Zählen beginnt immer bei 1.

c. I.d.R. wird der Spaltenindex manuell eingetragen, d.h. kein Verweis auf Excel-Zellen. Für die fortgeschrittenen Techniken muss dafür gesorgt werden, dass ein dynamischer (=aus Excel-Zellen bezogener) Spaltenindex den obigen Punkten a. und b. entspricht.

4. Das Flag „Bereich_Verweis":

a. Falls keine beste Approximation gewünscht wird, dieses Flag mit 0 manuell besetzen.

b. Falls die beste Approximation gesucht wird, den Wert 1 eintragen; i.d.R. muss die Matrix (siehe weiter oben) sortiert sein.

c. Falls dieses Flag dynamisch gesetzt ist (Verweis auf eine Excel-Zelle), dann die Punkte a. und b. einzeln überprüfen.

6.10.2 SVerweis liefert falsches Ergebnis

Situation: Nach Eingabe aller Parameter liefert SVerweis ein unerwartetes/falsches Ergebnis.

Problem: Die Parameter sind nicht untereinander abgestimmt bzw. unerwünschte Daten kommen im Ergebnis vor.

Abhilfe: Die Parameter untereinander abstimmen:

• Prüfen, ob die Matrix den Suchbereich abdeckt, speziell, ob in der ersten Spalte das Suchkriterium gefunden werden soll.

• Prüfen, ob die Matrix nicht zusätzliche Zeilen enthält, z.B. Spaltenüberschriften oder irrelevante Zeilen am Ende der Matrix. All diese Zeilen verfälschen das Suchergebnis.

• Falls die beste Approximation gesucht wird: Ist die Matrix aufsteigend sortiert?

• Zeigt der Spaltenindex auf die gewünschte Spalte innerhalb der Matrix?

6.10.3 Wenn alle Stricke reißen: SVerweis minimal

Situation: SVerweis-Ergebnis ist selbst nach den Prüfungen der obigen Paragraphen nicht nachvollziehbar.

Problem: Keine weiteren Ideen, warum SVerweis versagt.

Abhilfe: Einen SVerweis-Aufruf auf das absolute Minimum reduzieren, d.h.

1. Den Wert für das Suchkriterium per Hand eingeben, kein Verweis auf Excel-Zellen.

2. Die Matrix auf eine Zeile reduzieren, und zwar auf diejenige, in welcher das Ergebnis erwartet wird.

3. Spaltenindex: Manuell eingeben.

4. Flag „Bereich_Verweis" manuell setzen, im vorliegenden Szenario i.d.R. 0 wegen der reduzierten Matrix.

Die obigen Einstellungen 1-4 systematisch anpassen und/oder auf Fehler prüfen, bis das gewünschte SVerweis-Ergebnis geliefert wird. Danach Schritt-für-Schritt die Parameter wieder auf den ursprünglichen Wert setzen und individuell die Fehler beseitigen.

6.10.4 Pro-aktives Wappnen gegen Fehler

Situation: Im Verlauf des Erlernens von Excel folgt SVerweis häufig gleich auf den Umgang mit Zellen und Formeln.

Problem: SVerweis erfordert eine große Routine in der Verarbeitung von Daten.

Abhilfe: Folgende Einsichten sowie Methoden und Standard-Beispiele sind im Umgang mit SVerweis sehr nützlich:

1. Die Funktionalität von SVerweis ist definitiv *nicht* intuitiv. Tatsächlich bildet SVerweis eine Datenbank-Funktion ab – die join-Operation – und Datenbanken sind alles andere als intuitiv.
   Abhilfe: Um der mangelnden Intuition zu begegnen ist es sehr hilfreich folgende Punkte abrufbereit[30] zu haben:

   a. Den Aufruf von SVerweis, Kapitel 6.3
   b. Den Algorithmus nach dem SVerweis arbeitet, siehe Kapitel 6.2.1 bzw. 6.4.1
   c. Die Standard-Anwendungsfälle Kapitel 6.2 sowie 6.4.

2. Unklarheit bezüglich der Parameter von SVerweis.
   Die Anwender von Excel nehmen anfänglich die Parameter von SVerweis zwar wohlwollend aber mitunter oberflächlich zur Kenntnis. Durch das detailgetreue Lernen der Bedeutung der Parameter vermeidet man Fehler und nutzt die volle Mächtigkeit von SVerweis aus.
   Abhilfe: Jeden Parameter von SVerweis einzeln durchleuchten um Fehlbesetzungen zu vermeiden, siehe die Abschnitte

   a. zu den Parametern: Kapitel 6.5
   b. zu der Wirkungsweise der Parameter auf den Suchalgorithmus: Kapitel 6.2.1 und 6.4.1
   c. sowie Kapitel 6.6 zum Zusammenspiel der Parameter.

6.11 Übungsaufgaben

1. Formulieren Sie die beiden SVerweis-Algorithmen Kapitel 6.2.1 und 6.4.1 abstrakt in algorithmischer Form (Schritt für Schritt, kochrezeptartig, ohne Zuhilfenahme von Beispielen). Abstrakt bedeutet ohne Bezug zu einem konkreten Beispiel.

---

30 „Abrufbereit" bedeutet hier jederzeit sinngemäß nachstellen zu können, z.B. die Standard-Beispiele. Ein wortwörtliches auswendig Lernen hilft nicht weiter.

2. Arbeiten Sie durch und vollziehen Sie die Excel-Dateien zu diesem Kapitel
   nach, speziell zu den Kapiteln 6.2, 6.4 und 6.7.1. Die entsprechenden Dateien
   sind abrufbar unter [ZM].

3. Arbeiten Sie die restlichen Excel-Dateien (Download unter [ZM]) zum Kapitel
   durch, und zwar:

   a. Aus dem Verzeichnis *Fehlerbewältigung* die Dateien zu den Fehler-Quellen
   b. Aus dem Verzeichnis *Uebungen* die Übungsaufgaben

7 Die Marktwertmethode und die Brutto-Marge der Bank

Lernziele: 1. Geld- und Kapitalmarkt (GKM), Zinsstrukturkurve, Marktzinsen

2. Barwert eines Darlehens mit Marktzinsen, Brutto-Marge Bank

3. Cashflows via SVerweis mit laufzeitabhängigen Zinssätzen

7.1 Motivation

Das Geld fließt zum Kreditnehmer üblicherweise in folgenden Schritten:

1. Die Zentralbank emittiert/druckt die Banknoten
Das Geld wird am Geld- und Kapitalmarkt (GKM) gehandelt
Die Banken decken sich mit Geld am GKM ein
und vergeben es als Kredite an die Kreditnehmer

Der Geld- und Kapitalmarkt (GKM) setzt sich aus dem Geldmarkt für Laufzeiten bis zu einem Jahr und aus dem Kapitalmarkt für Laufzeiten größer als ein Jahr zusammen. Diese Unterscheidung ist im vorliegenden Buch nachrangig. Entscheidend ist die Losgrößentransformation: Während die Zentralbank mit sehr großen Geldmengen auf dem GKM handelt, sind die Volumina der Banken schon kleiner, während die Kreditnehmer nochmal kleinere Geldmengen für sich beanspruchen.

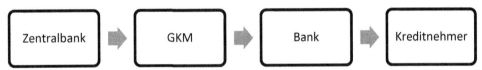

Abb. 114 Woher das Geld kommt

Zum Vergleich sei hier die Situation auf dem Automobilmarkt angeführt: Die Hersteller drücken die Autos in großen Losgrößen in den Markt, mehrere Händler tun sich zusammen, um diese Hersteller-Losgrößen aufzunehmen, worauf die Händler die Autos in kleiner Stückzahl an die Auto-Käufer veräußern.

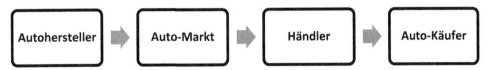

Abb. 115 Analogie: Woher die Autos kommen

Als Kreditnehmer bzw. Auto-Käufer ist man sehr an der Leistung der Bank bzw. des Händlers interessiert: Welchen Aufschlag erhebt dieses Zwischenglied zusätzlich zum Herstellerpreis vom (Banken- bzw. Auto-) Markt? Interessanterweise ist dies im Fall der Banken transparenter als am Automobilmarkt: Die Preise am GKM liegen als Zinsstrukturkurve vor, wohingegen die Preispolitik der Automobilhersteller nicht transparent ist.

Die Bewertung der Kredite anhand der Marktpreise (GKM), ist auch aus einem anderen Gesichtspunkt für die Investitionsrechnung wichtig: Der Markpreis ist letztendlich der Preis, den man nicht unterbieten kann und stellt in der Marktwirtschaft das wirtschaftliche Maß der Dinge dar. Liegt man mit der eigenen Investitionsrechnung daneben, folgen spätestens mittelfristig Konsequenzen – der Markt[31] bestraft unwirtschaftliches Handeln. Für Unternehmen besteht die Möglichkeit, sich an den Banken vorbei am GKM zu finanzieren. Die Einsparungen aus dem Gang zum GKM im Vergleich zur Bank sind maßgeblich für die Entscheidung: Geld von der Bank oder vom GKM? Um die Einsparungen berechnen zu können muss man die Brutto-Marge der Bank ausrechnen.

7.2 Darlehenswert am Geld- und Kapitalmarkt(GKM)

Stellt die Bank dem Kunden einen einheitlichen Effektivzinssatz in Rechnung, so muss man sich am GKM mit laufzeitabhängigen Zinssätzen befreunden: Zu einer gegebenen Laufzeit wird ein bestimmter Zinssatz gehandelt. Die tabellarische Auflistung der Paare (Laufzeit, zugehöriger Marktzinssatz) nennt man Zinsstrukturkurve. Als Beispiel graphisch dargestellt ist die Zerobond-Zinsstrukturkurve für Juli 2011 im Bild weiter unten, siehe[32] [ZSTR].

Ebenfalls im Bild weiter unten ersichtlich ist die Differenz der Bankfinanzierung zum GKM: Die Fläche „Brutto-Marge Bank" ist relevant für die Beurteilung der Bank-Leistung, diese gilt es auch zu berechnen. Während Technik-Versierte ohne weiteres zur Integralrechnung greifen würden – was inhaltlich auch stimmt – ist der Standardweg viel weniger spektakulär.

Beispiel: Betrachten wir im obigen Kontext einen sehr einfacher Zahlungsstrom:

- Auszahlung heute von 100 EUR, d.h. Bank an Kunde
- Rückzahlung in 4 Jahren von 123,32 EUR, d.h. Kunde an Bank.

Die Zahlen sind derart gewählt, dass der Effektivzins 5,38% beträgt:

$$100 - 123{,}32/(1+5{,}38\%)^4 = 0$$

---

31 Anlässlich der verschiedenen Wirtschafts- und Finanzkrisen wird immer wieder der Tod der marktorientierten Wirtschaft oder deren dringender Reform- oder Regulierungsbedarf etc. ins Gespräch gebracht. Es ist nicht das Ziel des vorliegenden Buches, diese Welt zu verbessern oder zu verdammen, daher nimmt das Buch zu diesem Thema keine Stellung. Mangels Alternativen bleibt auch dem vorliegenden Buch nichts anders übrig, als sich am Markt (Geld- und Kapital-) zu orientieren.

32 Siehe auch Kapitel 7.4 für die Problematik der Auswahl der „richtigen" Zinsstrukturkurve inkl. Zerobonds

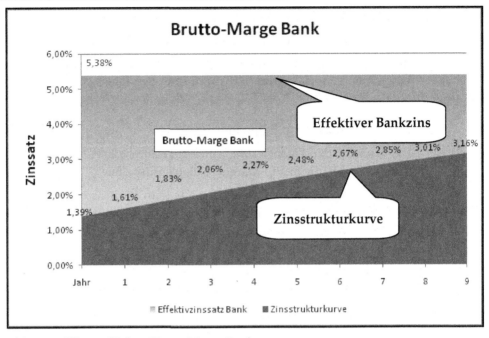

Abb. 116 Differenzfläche = Brutto-Marge Bank

Dieses Mini-Darlehen fügt sich von der Numerik her in das obige Schaubild ein. Die Zahlung 123,32 EUR in 4 Jahren ist am GKM 112,73 EUR wert,

Barwert_GKM = 123,32 / (1+ 2,27%)^4 = 112,73 EUR

so dass das Geschäftsmodell der Bank wie folgt aussieht:

- Nimm 112,73 EUR vom GKM auf, Rückzahlung in 4 Jahren: 123,32 EUR
- Zahle Kunden 100 EUR aus, Kundenrückzahlung in 4 Jahren: 123,32 EUR
- Die Differenz 112,73 – 100 = 12,73 EUR stellt die Brutto-Marge der Bank dar, da sich die Beträge in 4 Jahren neutralisieren.

Die Brutto-Marge der Bank berechnet sich damit mit folgendem Algorithmus:

- Berechne den Barwert Barwert_EffZins des Cashflows mit dem PAngV-Effektivzinssatz der Bank, (Kontrolle: muss Null sein)
- Berechne den Barwert Barwert_GKM des Cashflows mit den Zinssätzen der Zinsstrukturkurve. Jeder einzelnen Zahlung des Cashflows muss dabei der laufzeitabhängige Zinssatz zugeordnet werden.
- Damit ergibt sich die Brutto-Marge = Barwert_Bank – Barwert_GKM (siehe auch Bild oben – die Bank-Fläche umfasst die GKM-Fläche).

Der Barwert_GKM entpuppt sich als geeignetes Maß für die Bewertung von Cash-flows: Bei gleichbleibender Zinsstrukturkurve gilt

Barwert_GKM(Cashflow_1 + Cashflow_2)

= Barwert_GKM(Cashflow_1) + Barwert_GKM Cashflow_2)

für beliebige Cashflows Cashflow_1 und Cashflow_2 sowie

Barwert_GKM(A x Cashflow) = A x Barwert_GKM(Cashflow)

für eine beliebige reelle Zahl A. Kurzum: der Barwert_GKM ist linear in den Cashflows; man vergleiche dies retrospektiv mit den Eigenschaften des Effektivzinssatzes PAngV.

7.2.1 Finanzierung: Bank oder GKM?

Der Barwert der Finanzierung einer Investition lässt sich damit in den GKM-Barwert und in die Brutto-Marge der Bank aufspalten.

Der Anteil GKM-Barwert rührt rein aus dem intrinsischen Wert des Geldes her, wohingegen die Brutto-Marge der Bank die Vermittlungsgebühr darstellt. Am GKM-Barwert selbst kann man nicht viel ändern, übrig bleibt lediglich auf eine bessere Lage am GKM zu hoffen.

Den Anteil Brutto-Marge-Bank kann man via Verhandlungen ändern oder – als Unternehmen – durch den direkten Zugang zum GKM.

Ist man als Unternehmen an den Zugang zum GKM interessiert, so stellt sich die Frage nach der Wirtschaftlichkeit dieses Schrittes: Ab welchem Kredit-Volumen lohnt sich die Finanzierung direkt vom GKM statt über die Hausbank? Wirtschaftlich betrachtet hat man es mit einer Break-Even-Rechnung zu tun: Für kleine Kredit-Volumen übersteigen die Kosten für den Zugang zum GKM die Brutto-Marge der Hausbank, für große Kredit-Volumen ist die Hausbank teurer. Letztendlich spielt aber auch die Unternehmenspolitik eine Rolle: Unternehmenslenker müssen gezielt die Finanzierungsbasis der Unternehmung bestimmen und managen.

7.3 Darlehenswert (GKM) in Excel

Die Ergänzung des Cashflows mit den zeitabhängigen Zinssätzen geschieht mit Hilfe von SVerweis. Für die beispielhafte Berechnung des GKM-Barwerts von Cashflows wird die Zinsstrukturkurve wie in [ZSTR] verwendet:

F	G
Jahr	Zinzahl
1	1,39
2	1,61
3	1,83
4	2,06
5	2,27
6	2,48
7	2,67
8	2,85
9	3,01
10	3,16

	E	F	G	H
1	Intervall Monate	Jahr	Zinzahl	Zinssatz
2	0	0	0	0,00%
3	1	1	1,39	1,39%
4	13	2	1,61	1,61%
5	25	3	1,83	1,83%
6	37	4	2,06	2,06%
7	49	5	2,27	2,27%
8	61	6	2,48	2,48%
9	73	7	2,67	2,67%
10	85	8	2,85	2,85%
11	97	9	3,01	3,01%
12	109	10	3,16	3,16%

Abb. 117 Zinsstrukturkurve   **Abb. 118 Angepasste Monate für SVerweis**

Zunächst ist festzustellen, dass die Zinszahlen im linken Bild nach Zinssätzen umgerechnet werden müssen – einfach durch 100 teilen, siehe Spalte H „Zinssatz" im rechten Bild. Da die Zahlungen des Cashflows nach Monaten geordnet sind, brauchen wir auch die Monats-Stützstellen für die Zinsstrukturkurve, üblicherweise werden diese interpoliert. Um nicht die Übersicht zu verlieren, wird an dieser Stelle folgende Vereinfachung getroffen: Als Zinssatz für alle Monate eines Jahres wird der Zinssatz für den Jahresanfang genommen. Damit bleibt nur noch das Mapping der Monate nach Jahren. Hierfür ist im rechten Bild die Intervallstrategie implementiert, implizit wird damit die beste Approximation-Strategie von SVerweis angestrebt:

- Erweiterung des Bereichs F:G um die Spalte E „Intervall Monate".
- Aufbauen der Intervalle: Das erste Jahr (Zelle E3) erhält die 1 (Eins), das zweite Jahr E4 als Formel setzen: E4 = E3 + 12, d.h. ein Jahr in Monaten zur vorigen Monatszahl addieren.
- Fortschreiben von E4 nach unten.
- Last but not least: Um für das Jahr 0 (also heute) auch gültige Ergebnisse via SVerweis zu erhalten, eine neue Zeile 2 mit den Werten Null für alle vier Spalten E bis H einfügen (siehe Kapitel 6.10.1, Aufzählungspunkt 2, Sonderfall beste Approximation).

Damit ist folgende für SVerweis vorbereitende Logik realisiert:

- Für heute, also Monat Null, ist der Zinssatz hart verdrahtet auf 0 (Null) gesetzt – passt, da Barwert eines Betrags heute gleich dem Betrag selbst ist.
- Sucht man mit einer Monatszahl zwischen 1 und 12 in der Spalte E2 bis E12, so findet man als beste Approximation im Sinne von SVerweis[33] die Zeile 2, welche auf das erste Jahr verweist (Spalte F) – passt, da die Monate 1 bis 12 dem ersten Jahr zugerechnet werden.
- usw. für die Intervalle 13-24, 25-36, etc.

Mit diesen Vorbereitungen empfiehlt sich der Aufruf von SVerweis mit den Parametern Suchkriterium = Monat-des-Cashflows, mit der Matrix gleich dem

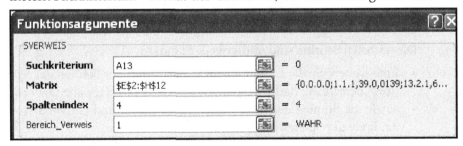

Abb. 119 Aufruf SVerweis für GKM-Zinssätze

---

33 Zur Erinnerung: die größte Zahl, die kleiner-oder-gleich als die gesuchte Zahl ist.

Datenbereich E2 – H2 – H12 – E12, unter Rückgabe des Spaltenindex = 4 („Zinssatz" in vierter Spalte von E aus zählend) und mit der Suchstrategie „beste Approximation", d.h. Bereich_Verweis = 1.

In der F2-Darstellung der SVerweis-Formel (vgl. Excel-Blatt im Bild weiter unten)

- ist das Suchkriterium mit einem Mauszeiger markiert – sowohl in der SVerweis-Formel, als auch verwiesene Zelle – und
- die Matrix mit zwei Mauszeigern gekennzeichnet, in der SVerweis-Formel und der verwiesene Bereich.

Um den GKM-Zinssatz unterzubringen die, musste die Spalte D belegt werden, ein sehr überschaubares Excel-Engineering.

	A	B	C	D	E Intervall Monate	F Jahr	G Zins zahl	H Zinssatz
1								
2					0	0	0	0,00%
3					1	1	1,39	1,39%
4					13	2	1,61	1,61%
5					25	3	1,83	1,83%
6					37	4	2,06	2,06%
7					49	5	2,27	2,27%
8		EffZins	5,38%		61	6	2,48	2,48%
9					73	7	2,67	2,67%
10					85	8	2,85	2,85%
11					97	9	3,01	3,01%
12	Monat	Cashflow	Barwert	Zinssatz GKM	109	10	3,16	3,16%
13	0	100.000,00 €	100.000,00 €	=SVERWEIS(A13;$E$2:$H$12;4;1)				
14	1	-520,83 €	- 518,56 €					

Abb. 120 Die Struktur von SVerweis für GKM

Somit ist die erste Zahlung des Cashflows (D13) mit dem GKM-Zinssatz versehen, durch Fortschreibung der Zellen werden alle Zahlungen des Cashflows mit dem laufzeitabhängigen Zinssatz bestückt.

Die nächsten Schritte sind mittlerweile Standard:

- Eine weitere Spalte E mit den GKM-Barwerten der Beträge der Spalte B „Cashflow" berechnen; dafür werden die Zinssätze GKM (Spalte D) verwendet;
- sowie die Summe der Bank-Barwerte (Spalte C) und GKM-Barwerte (Spalte E) am Ende der Spalten ausweisen.

Um die Brutto-Marge der Bank zu bestimmen, muss man nur noch von dem Barwert der Bank den Barwert GKM abziehen (vgl. auch das Bild zu Beginn des Abschnitts, Seite 98).

Die Brutto-Marge der Bank beträgt damit 11.192,69 EUR.

	A	B	C	D	E	F	G	H
12	Monat	Cashflow	Barwert	Zinssatz GKM	Barwert GKM			
133	120	-52.443,65 €	- 31.058,87 €	3,16%	- 38.421,97 €			
134								
135		Barwert Bank (EffZins)	- 0,00 €	Barwert lt. Zinsstrukturkurve GKM	- 11.192,69 €			
136								
137								
138		Vom BarwertBank(EffZins) den BarwertZinsstrukturkurve abziehen,						
139		siehe auch Bild **Brutto-Marge Bank**: Der Verkaufspreis der Bank (Effektivzins 5,38%)						
140		liegt überhalb des Einkaufspreises der Bank (Zinsstrukturkurve)						
141		Brutto-Marge Bank	11.192,69 €					

Abb. 121 Die Brutto-Marge der Bank

7.4 Ausblick: Auswahl der Zinsstrukturkurve

In Kapitel 7.2 wurde gleich im ersten Bild „Brutto-Marge Bank" der Effektiv-Zinssatz der Bank mit der Zinsstrukturkurve am GKM verglichen. Die dabei verwendete Zinsstrukturkurve[34] [ZSTR] der Deutschen Bundesbank stellt den Preis für das Geld dar. Neben dieser Zinsstrukturkurve gibt es auch weitere Zinsstrukturkurven in Abhängigkeit vom Emittenten bzw. dessen Kreditwürdigkeit:

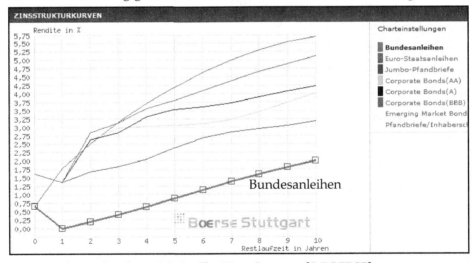

Abb. 122 Zinsstrukturkurve(n), Quelle: Börse Stuttgart, [S-BOERSE]

---

34 Vergleiche auch die Erläuterungen der Deutschen Bundesbank [ZSTR-Schätz] zur Thematik der Zinsstrukturkurve.

Die Allgemeinregel lautet: die Zinsstrukturkurve der Nationalbank stellt den besten Preis dar, für alle anderen Emittenten werden teurere Preise verlangt.

Interessant für die Investitionsrechnung werden die verschiedenen Optionen der Zinsstrukturkurven-Auswahl in folgenden Situationen:

- Eine Investition mit dem eigentlichen Wert des Geldes (lt. Bundesbank bzw. Nationalbank) messen: Dafür die entsprechenden Zinssätze der Deutschen Bundesbank [ZSTR] bzw. der jeweiligen Nationalbank einer Volkswirtschaft heranziehen.
- Den unternehmenseigenen Gang zum GKM vorbereiten: Hierfür muss man das eigene Unternehmen bzgl. der Kreditwürdigkeit einschätzen, also das Rating: A, AA oder AAA etc., und die entsprechende Zinsstrukturkurve wählen: Corporate Bonds(A), Corporate Bonds (AA), etc.
- Zwar sind die im Bild unten aufgeführten Zinsstrukturkurven nicht für das direkte Abzinsen aufbereitet (enthalten eine jährliche Zinszahlung, den Kupon). Für die erste Abschätzung sind die so ermittelten GKM-Barwerte eine gute Orientierung.

Als Alternative für die Bundesbank-Zinsstrukturkurve [ZSTR] kann man vereinfachend auch mit den Renditen der Bundesanleihen rechnen:

- Die Bundesrepublik Deutschland gilt i.d.R. als erstklassiger Schuldner und hat daher bezogen auf die Bundesbank-Zinstrukturkurve [ZSTR] einen geringen Aufschlag und
- die Kupon-Effekte (jährliche Zahlungen der Anleihen) kann man im ersten Schritt vernachlässigen.

Fazit: Die „richtige" Zinsstrukturkurve zu bestimmen ist eine Wissenschaft für sich. Die von der Deutschen Bundesbank unter [ZSTR] veröffentlichten Daten sind die besten Preise und für das Abzinsen schon vorbereitet (sogenannte Zerobond-Zinssätze). Bei all den anderen Zinsstrukturkurven erhält man eine Ungenauigkeit, bedingt durch jährliche Kupon-Zahlungen. Aus Unternehmenssicht ist dieser Fehler vernachlässigbar, die damit errechneten GKM-Barwerte sind eine gute Orientierung.

7.5 Liste der getroffenen Vereinfachungen

Zusätzlich zur Zinsstrukturkurven-Thematik und der dazu möglichen Vereinfachungen, wurde im vorliegenden Kapitel noch folgende Vereinfachung getroffen:

Die Zuordnung der jährlichen GKM-Zinssätze zu den monatlichen Beträgen des Cashflows erfolgt nur in Abhängigkeit von der Jahreszahl.

Zum Beispiel wurde der GKM-Zinssatz 1,39% allen Beträgen mit Monaten 1,2,3...12 zugeordnet. Streng genommen muss anhand der Monatszahl zwischen den Werten 0% (GKM-Zinssatz 0. Jahr) und 1,39% (GKM-Zinssatz 1. Jahr) interpoliert werden, z.B. beträgt der linear interpolierte GKM-Zinssatz für den 5. Monat

$$Zinssatz(5.\ Monat) = \frac{0\% * (12 - 5) + 1,39\% * 5}{12} = 0,5791666...\%$$

Der Zusatznutzen für das vorliegende Buch, die Interpolation in der Darstellung aufzunehmen, erscheint gering. Zudem würde die Interpolationsrechnung von den wichtigen Aspekten (SVerweis und GKM-Barwert) ablenken; daher wurde diese Vereinfachung gewählt.

7.6 Fehlerquellen und Hilfe im Fehlerfall

Wie in den vorigen Kapiteln vgl. auch [ZM] für praktische Beispiele.

Eine inhaltliche Fehlerquelle stellt die Wahl der Zinsstrukturkurve dar:

1. Um den Geld-Wert der Investition zu bestimmen, muss man sich an die Zinsstrukturkurve der Zentralbank halten, für den europäischen Raum kann man diese von der EZB unter [ZSTR] abrufen.
2. Da nicht jedes Unternehmen die Konditionen der EZB am Markt erhält, muss jedes Unternehmen sich möglichst realistisch in eine Kreditwürdigkeits-Klasse einstufen und die entsprechende Zinsstrukturkurve ansetzen, siehe obiges Bild zu den bonitätsabhängigen Zinsstrukturkurven [S-BOERSE]. Der damit berechnete Barwert ist der vom Unternehmen tatsächlich durchsetzbare Betrag.

Nebst der Frage „wer bestimmt den Wert des Geldes?", muss man sich auch mit der „Zinsen zwischendurch"-Thematik beschäftigen:

Die von der EZB unter [ZSTR] veröffentlichte Zinsstrukturkurve stellt die geeigneten Zinssätze[35] für die Barwertberechnung dar, sie ist ohne jährliche Zinszahlungen errechnet.

Üblicherweise werden die Zinsstrukturkurven für Anleihen mit jährlicher Zinszahlung[36] angegeben, hierfür muss man den jährlichen Effekt herausrechnen.

Um den 2. Aufzählungspunkt berücksichtigen zu können, reicht es für die Belange der Investitionsrechnung aus, im ersten Schritt mit Zinsstrukturkurven wie in Abb. 123 Zinsstrukturkurve(n), Seite 103, zu rechnen. Beispielsweise würden Unternehmen der Kreditwürdigkeit A mit der Zinsstrukturkurve „Corporate Bonds (A)" rechnen.

---

35 Fachlich: „Zerobonds", d.h. Anleihen ohne zwischenzeitlichen Zinszahlungen; die Zinszahlung erfolgt nur einmalig am Ende der Laufzeit.
36 Fachlich: Zinsstrukturkurve der Anleihen oder „Straight Bonds".

7.7 Übungsaufgaben

1. Berechnen Sie mit Hilfe der Linearen Interpolation die Monats-Stützstellen für die Zinsstrukturkurve aus [ZSTR], siehe auch Bild zu Kapitel 7.3. Berechnen Sie danach mit der interpolierten Zinsstrukturkurve den Barwert_GKM des obigen Zahlungsstromes und vergleichen Sie die Ergebnisse – wie lässt sich der Unterschied erklären?

Tipp: Statt der Spalte „Zinssatz GKM" am Cashflow werden folgende Spalten für jeden Betrag/Zeitpunkt benötigt:

a. GKM-Zinssatz zu Jahresbeginn Z_b (untere Schranke für Interpolation), via SVerweis aus der GKM-Zinsstrukturkurve herleiten

b. GKM-Zinssatz zu Jahresende Z_e (obere Schranke für Interpolation) , via SVerweis aus der GKM-Zinsstrukturkurve herleiten

c. Die Jahreszahl J des Cashflows: bezeichnet x den Monat des Cashflows so beträgt der interpolierte Zinssatz Z_x

$$Z_x = \frac{Z_b * (12 * J + 12 - x) + Z_e * (x - 12 * J)}{12}$$

2. Arbeiten Sie die Excel-Dateien (Download unter [ZM]) zum Kapitel durch, und zwar:

a. Aus dem Verzeichnis *ExcelDateienBuch* die Dateien zum Buch

b. Aus dem Verzeichnis *Fehlerbewältigung* die Dateien zu den Fehler-Quellen

c. Aus dem Verzeichnis *Uebungen* die Übungsaufgaben.

8 Konsolidierung von Daten

Lernziele: 1. Konsolidierung mit/ohne Quellbezug, Gruppierungen

2. Konsolidierung nach Position und/oder Kategorie

3. Konsolidierung nach Kategorie: Kategorien einschränken

8.1 Motivation

Die Konsolidierung in Excel ist neben der Zielwertsuche eine weitere für die Praxis wichtige Funktionalität. Eine häufig vorkommende Aufgabe ist das Zusammenführen von Daten, z.B. Summieren von Kennzahlen unter Beibehaltung deren Zuordnung zu Merkmalen. Konkrete Beispiele sind: monatliche Umsätze des laufenden Jahres nach Filiale/Artikel zusammenzählen, von verschiedenen Abteilungen gelieferte Kennzahlen zusammenfassen, Cashflows verschiedener Darlehen zusammenführen, etc.

8.2 Aufruf Konsolidierung

Die Umsatzzahlen eines Bekleidungs-Shops für die Monate Januar bis März des laufenden Jahres sollen zusammengefasst werden. Dabei befinden sich die Umsatzdaten in separaten Excel-Dateien, die Reihenfolge der Artikel in den Listen ist nicht konsistent und einige Artikel wurden zwischendurch ins Sortiment aufgenommen (Hosen: Von Januar auf Februar) bzw. gestrichen (Schuhe und Sakkos von Februar auf März) – kurzum, was in der Datenerfassung schief gehen konnte, ist auch schief gegangen. Immerhin haben die Artikel einheitliche Namen.

	A	B
1	Januar	
2	Artikel	Umsatz
3	Schuhe	7.001,00 €
4	Sakkos	8.101,00 €
5	Hemde	11.001,00 €
6	Mäntel	13.001,00 €
7		

	A	B
1	Februar	
2	Artikel	Umsatz
3	Hemde	10.002,00 €
4	Sakkos	20.002,00 €
5	Hosen	30.002,00 €
6	Mäntel	25.002,00 €
7	Schuhe	12.002,00 €

	A	B
1	März	
2	Artikel	Umsatz
3	Hosen	8.503,00 €
4	Mäntel	9.503,00 €
5	Schuhe	2.003,00 €
6		
7		

Abb. 124 Umsätze Januar   **Abb. 125 Umsätze Februar**   **Abb. 126 Umsätze März**

Bereits das manuelle Zusammenfassen dieses überschaubaren Zahlenbestands ist mit Aufwand verbunden. Die zu befolgende Vorschrift für die Zusammenfassung ist dabei einfach: Summiere die Umsatzzahlen mit den gleichen Artikel-Namen,

d.h. mit den gleichen Einträgen in der Spalte „Artikel". Dies ist auch der Grundal-
gorithmus der Konsolidierungs-Funktionalität in Excel.

Wie die Zielwertsuche, ist auch die Konsolidierung seit ältesten Excel-Versionen
vorhanden und wurde von Version zu Version anders im Menü untergebracht. In
Excel 2007 ist sie unter Daten → Datentools → Konsolidierung zu finden (im Bild
mit 3 Mauszeigern markiert):

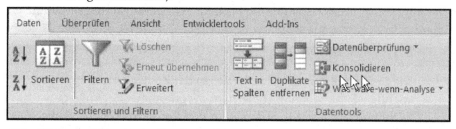

Abb. 127 Konsolidierung im Excel 2007 Menü

Die konsolidierten Ergebnisse wollen wir in einer eigenen Datei haben, um die
ursprünglichen Dateien nicht zu ändern. Für den Aufruf der Konsolidierung empfiehlt es sich, alle beteiligten Dateien geöffnet zu haben, im vorliegenden Fall die
Dateien für Januar, Februar und März, sowie die neue Datei, in welcher die konsolidierten Zahlen ausgewiesen werden sollen. In der neuen Datei – gleich in der
Zelle A1 – erfolgt dann der Aufruf der Konsolidierung:

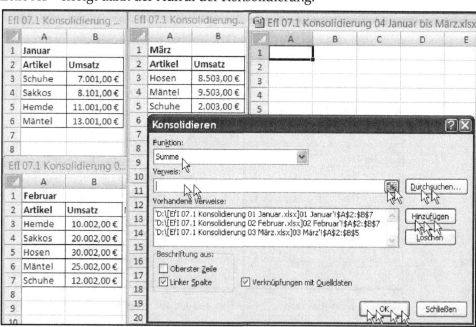

Abb. 128 Anordnung der Blätter und Aufruf Konsolidierung

Die Parameter für den Aufruf sind wie folgt:

1. Im Fenster „Funktion:" (im Bild mit einem Mauszeiger markiert) kann man die mathematische Funktion auswählen, welche zur Zusammenfassung der Kennzahlen verwendet werden soll. Die Vorbelegung lautet Summe und wird in unserem Fall beibehalten, d.h. die Beträge werden aufaddiert.
2. Im Fenster „Verweis:" kann man auf die Daten verweisen, welche konsolidiert werden sollen. Sehr praktisch ist dabei der Knopf, um Bereiche in gewohnter Excel-Manier mit der Maus zu markieren. Sind die Daten nicht in den geöffneten Excel-Dateien vorhanden, so können weitere Excel-Dateien via Knopf [Durchsuchen...] geöffnet werden. Alle Elemente dieses Schrittes sind im Bild mit 2 Mauszeigern markiert.
3. Hat man einen Bereich im Fenster „Verweis:" erfasst, so muss dieser Bereich mit dem Knopf [Hinzufügen] bestätigt werden (im Bild mit 3 Mauszeiger markiert). Damit wird der Bereich endgültig für die Konsolidierung ins Fenster „Vorhandene Verweise:" vorgemerkt.

   Für jeden Bereich, der konsolidiert werden soll, muss man die Schritte 2. und 3. wiederholen. Sind alle zu konsolidierende Bereiche im Fenster „Vorhandene Verweise:" aufgelistet, kann man zum nächsten Schritt übergehen.
4. Abschließend unter "Beschriftung aus" die Häkchen ☑ Linker Spalte sowie ☑ Verknüpfungen mit Quelldaten setzen. Bestätigt man die Konsolidierung endgültig mit dem Knopf [OK] (vier Mauszeiger im Bild), so wird die Konsolidierung ausgeführt.

Das Ergebnis des Aufrufs ist die gewünschte Übersicht der Summen per Artikel:

1 2		A	B	C
	1	Artikel		
+	5	Schuhe		21.006,00 €
+	8	Sakkos		28.103,00 €
+	11	Hemde		21.003,00 €
+	14	Hosen		38.505,00 €
+	18	Mäntel		47.506,00 €

Abb. 129 Konsolid. Ergebnis

1 2		A	B	C
	1	Artikel		
·	2		Efi 07.1 Konsolidierung 01 Januar	7.001,00 €
·	3		Efi 07.1 Konsolidierung 02 Februar	12.002,00 €
·	4		Efi 07.1 Konsolidierung 03 März	2.003,00 €
–	5	Schuhe		21.006,00 €
+	8	Sakkos		28.103,00 €

Abb. 130 Aufriss-Reporting Konsolidierung

Da wir mit ☑ Verknüpfungen mit Quelldaten konsolidiert haben, finden wir auf dem linken Fensterrand die Gruppierungs-Navigation:

- Klickt man auf eines der Pluszeichen [+], so werden die Detail-Datensätze eingeblendet.
  Im Bild rechts beispielhaft für Schuhe: Die Detailsätze erkennt man in den Zeilen 2 bis 4, der Summensatz wird in der letzten Zeile 5 ausgewiesen. Die anderen Artikel Sakkos, etc. bleiben in der Summensatz-Sicht, da nur für Schuhe die Aufforderung erging Details einzublenden.

- Wenn man auf das Minuszeichen ⊟ in der Zeile 5 (Schuhe) klickt, werden die Detailsätze erwartungsgemäß ausgeblendet.
- Um alle Detailsätze in einem Schritt einzublenden – die 2. Ebene – ist in der linken oberen Ecke ⒈⒉ der Mini-Knopf ⒉ zum Klicken vorgesehen.
- Entsprechend bewirkt der Mini-Knopf ⒈ die Anzeige der ersten Ebene, d.h. nur Summensätze. Die Detailsätze werden damit in einem Schritt ausgeblendet.

Die Funktionalität der obigen 4 Aufzählungspunkte ist allgemeiner Natur und wird von der Gruppierung in Excel angeboten: Unter dem Menü-Punkt[37] Daten → Gliederung → Gruppierung kann man beliebige Excel-Zeilen oder -Spalten gruppieren, um diese dann mit der Beschreibung der obigen Aufzählungspunkte der Navigation zugänglich zu machen. Ist ☑ Verknüpfungen mit Quelldaten für die Konsolidierung gesetzt, so werden die Gruppierungen von Excel freundlicherweise für die Summen- und die dazugehörigen Detailsätze gleich angelegt.

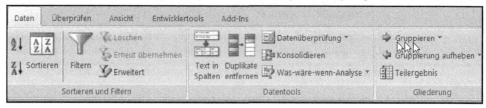

Abb. 131 Gruppierung im Excel 2007 Menü

8.3   Die Parameter der Konsolidierung

8.3.1   Verknüpfung mit Quelldaten

Eine   wichtige   Stellschraube   der   Konsolidierung   stellt   der   Parameter ☑ Verknüpfungen mit Quelldaten dar. Da dieser Parameter auch optisch das Ergebnis wesentlich beeinflusst, wird er vorgezogen. Auch sonst ist er von den anderen Parametern unabhängig. Wird dieses Häkchen gesetzt, so werden die Bezüge zu den Quelldaten aufrechterhalten – ändern sich die Quellzellen, so werden die konsolidierten Zellen automatisch angepasst. Als zusätzliche Funktionalität bereitet das gesetzte Häkchen die Ergebnisse für eine übersichtliche Daten-Navigation gruppiert auf.

Verzichtet man auf das Setzen dieses Parameters, so werden nur die Summen berechnet und ausgewiesen, im Beispiel oben muss man sich die Gruppierung wegdenken. Änderungen der Quellzellen haben keinen Einfluss mehr auf die konsolidierten Zahlen. Die Anwendungsfälle für dieses Häkchen sind somit klar:

- Wünscht man einen Datenabzug – Snapshot –, der nicht mehr von den Quelldaten verändert werden kann, so wird dieses Häkchen nicht angekreuzt. Die Da-

---

37 Vollständigkeitshalber: Menü von Excel 2007.

ten zum Zeitpunkt der Ausführung der Konsolidierung werden damit einge-
froren, nachträgliche Änderungen durch Änderungen der Ursprungsdaten sind
nicht mehr möglich.

Beispiel: Sollen die Umsätze in die Quartal-Bilanz[38] des Unternehmens einfließen, so bietet sich der Datenabzug an.

• Wünscht man immer den aktuellsten Stand der konsolidierten Umsätze, so
muss man dieses Häkchen setzen. Bei jedem Öffnen der Datei mit den konsolidierten Daten werden die Summensätze neu berechnet.

Beispiel: Für das fortlaufende Vertriebs-Controlling[39] ist diese Option sehr nützlich.

Eine weitere nützliche Anwendung dieses Parameters: Ist er eingeschaltet, kann
man die Zusammensetzung der Ergebnisdatensätze nachvollziehen.

8.3.2 Funktion (Konsolidierung)

Dies ist der oberste Parameter in dem Fenster der Konsolidierungs-Funktion. Excel
hält einen Satz von 11 Funktionen parat, welche zur Verarbeitung der Zahlen verwendet werden können:

Abb. 132 Mathem. Funktionen für die Konsolidierung

Die Vorbelegung ist „Summe", die zu konsolidierenden Daten werden damit aufsummiert.

8.3.3 „Verweis" und „Vorhandene Verweise"

Diese Parameter sowie die dazugehörigen Drucktasten stehen zur Verfügung, um
die zu konsolidierenden Datenbereiche zu bestimmen, im Wesentlichen also nur
die Handhabung von Excel-Bereichen (siehe auch Kapitel 2.1). Die Konsolidierung
selbst kann nur zusammenhängende Zellen-Bereiche verarbeiten. Selbst wenn es

---

38 Das externe Rechnungswesen (Bilanzen, Steuern, etc.) ist immer stichtagsbezogen und
    freut sich auf Datenabzüge.

39 Das interne Rechnungswesen (Controlling, Kosten und Leistungsrechnung) bevorzugt
    aktuelle Zahlen.

technisch möglich ist, beliebige Bereiche einzugeben, z.B. A1:A6 und C1:C6 im Bild weiter unten, die Konsolidierung wird den Dienst mit einer Fehlermeldung verweigern.

⚐	A	B	C	D	E
1	Januar			Konsolidieren - Verw⦙	
2	Artikel	Umsatz	Mwst	$A$2:$A$6;$C$2:$C$6	
3	Schuhe	7.001,00 €	5.883,19 €		
4	Sakkos	8.101,00 €	6.807,56 €		
5	Hemde	11.001,00 €	9.244,54 €		
6	Mäntel	13.001,00 €	10.925,21 €		

Abb. 133 Konsolidierung: Nur zusammenhängende Datenbereiche

8.3.4   Beschriftung aus oberster Zeile und/oder linker Spalte

Die Benennung dieser Konsolidierungs-Steuerparameter ist irreführend, da diese Parameter bei weitem nicht nur die Beschriftung bestimmen, sondern auch die Merkmale steuern, nach welchen die Kennzahlen zusammengefasst (konsolidiert) werden. Diese Parameter können unabhängig voneinander gesetzt werden.

Im Detail:

• Beschriftung aus oberster Zeile: Spalten mit gleicher Beschriftung der oberen Zeile werden zusammengefasst gemäß der in Kapitel 8.3.2 angegebenen Funktion.

• Beschriftung aus linker Spalte: Zeilen mit der gleichen Bezeichnung in der linken Spalte werden zusammengefasst, wiederum mittels der Funktion wie in Kapitel 8.3.2 beschrieben.

Bei der Überprüfung auf Gleichheit von Zellen (Spaltenüberschriften bzw. Zeileneinträgen), wird die technische Gleichheit geprüft, d.h. die Einträge müssen Buchstabe/Ziffer für Buchstabe/Ziffer gleich sein. Tückisch dabei sind die Leerzeichen, zum Beispiel werden die Werte 'Umsatz' und 'Umsatz ' (ein Leerzeichen nach dem letzten Wort) technisch als nicht gleich betrachtet; der optische Unterschied fällt einem dabei schwerlich auf.

8.4   Spezielle Techniken der Konsolidierung

8.4.1   Konsolidierung nach Position

Die Konsolidierung nach Position bedeutet, dass die Daten in der Reihenfolge konsolidiert werden, in der sie vorkommen: Die erste Zeile aller Datenbereiche wird zusammengefasst, die zweite Zeile der Datenbereiche wird zusammengefasst, etc. Unter Position versteht die Konsolidierung die technische Reihenfolge der Datensätze (Zeilen und /oder Spalten) in den Bereichen.

	A	B
1	Januar	
2	**Artikel**	**Umsatz**
3	Schuhe	7.001,00 €
4	Sakkos	8.101,00 €
5	Hemde	11.001,00 €
6	Mäntel	13.001,00 €
7		

	A	B
1	Februar	
2	**Artikel**	**Umsatz**
3	Hemde	10.002,00 €
4	Sakkos	20.002,00 €
5	Hosen	30.002,00 €
6	Mäntel	25.002,00 €
7	Schuhe	12.002,00 €

	A	B
1	März	
2	**Artikel**	**Umsatz**
3	Hosen	8.503,00 €
4	Mäntel	9.503,00 €
5	Schuhe	2.003,00 €
6		
7		

Abb. 134 Position Januar   **Abb. 135 Position Februar**   **Abb. 136 Position März**

Im obigen Beispiel würde dies bedeuten, dass die 3. Excel-Zeile aller betroffenen Datenbereiche von der Konsolidierung aufsummiert wird, d.h.

Januar-Umsatz Schuhe (Bild links)	7.001,00 EUR
+ Februar-Umsatz Hemde (Bild Mitte)	10.002,00 EUR
+ <u>März-Umsatz Hosen (Bild rechts)</u>	<u>8.503,00 EUR</u>
= Konsolidierter Betrag	25.506,00 EUR

Im Fallbeispiel wäre dies nicht richtig, da die Umsatzzahlen unterschiedlicher Artikel und Perioden aufsummiert werden.

Die Unterscheidung, ob die Zeilen/Spalten nach Position/Kategorie konsolidiert werden, trifft man im Teil-Bild „Beschriftung aus":

Abb. 137 Konsolidierung nach Kategorie einstellen

Dabei wird

- die Konsolidierung der Spalten nach Position durch die leeren Häkchen **Oberster Zeile** angesteuert; für Konsolidierung der Spalten nach Kategorie muss man dieses Häckchen ankreuzen.
- die Konsolidierung der Zeilen nach Position durch das leere Häkchen **Linker Spalte** angesteuert. Entsprechend gilt, dass für die Konsolidierung der Zeilen nach Kategorie dieses Häckchen angekreuzt sein muss.

Für nach Position konsolidierten Spalten werden keine Überschriften bzw. für nach Position konsolidierten Zeilen keine Bezeichnungen übernommen.

8.4.2 Konsolidierung nach Kategorie

Die Konsolidierung nach Kategorie bedeutet, dass anhand von vorhandenen Zeilen-Bezeichnungen und/oder Spalten-Beschriftungen (=Kategorien) konsolidiert wird, die technische Reihenfolge der Datensätze spielt dabei keine Rolle. Unter

Kategorie versteht die Konsolidierung die gleiche Überschrift von Spalten und/oder die gleiche Beschriftung von Zeilen (Spalte links von den Zahlen). Die Kategorienbildung von Zielen und Spalten ist unabhängig voneinander aber zusammen kombinierbar.

Die Konsolidierung der Spalten nach Kategorie schaltet man durch das Setzen des Häkchens ☑ Oberster Zeile ein, die Konsolidierung der Zeilen nach Kategorie durch das Setzen des Häkchens ☑ Linker Spalte.

Die Funktionsweise der Konsolidierung nach Kategorie haben wir in Kapitel 8.2 kennen gelernt. Hierbei ist anzumerken, dass im Beispiel die Konsolidierung nach der Spalten-Kategorie keine zusätzliche Wirkung aufweist: Es handelt sich nur um eine Zahlen-Spalte pro Bereich und die Beschriftung ist die gleiche.

Für nach Kategorie konsolidierten Spalten und/oder Zeilen werden die relevanten Überschriften bzw. für Zeilen die Bezeichnungen übernommen, da diese eindeutig sind.

8.4.3   Zusammenfassung Konsolidierung Position/Kategorie

Folgende tabellarische Übersicht soll die Kombinationsmöglichkeiten der Konsolidierung nach Position/Kategorie von Spalten/Zeilen verdeutlichen:

Tabelle 14 Konsolidierung: Kombinationen Zeilen/Spalten mit Position/Kategorie

	Konsolidierung Zeilen	Konsolidierung Spalten	Bedeutung
1	Position[40] ☐ Linker Spalte	Position[41] ☐ Oberster Zeile	Die Zeilen und Spalten weisen keine Beschreibung/Beschriftung auf (bzw. sind nicht maßgeblich), es soll ausschließlich in der technischen Reihenfolge konsolidiert werden.
2	Position ☐ Linker Spalte	Kategorie ☑ Oberster Zeile	1. Die Zeilen sollen in der technischen Reihenfolge konsolidiert werden. 2. Die Spalten weisen eine konsistente Beschriftung auf, wonach zusammengefasst/konsolidiert werden soll.

---

40 „Linker Spalte" beschreibt die Zeilen. Trotz des Wortes „Spalte" handelt es sich um die Handhabung von Zeilen.

41 „Oberste Zeile" beschreibt die Spalten. Trotz des Wortes „Zeile" handelt es sich um die Handhabung von Spalten.

	Konsolidie-rung Zeilen	Konsolidie-rung Spalten	Bedeutung
3	Kategorie ☑ Linker Spalte	Position ☐ Oberster Zeile	1. Die Zeilen weisen eine konsistente Beschreibung (in der linken Spalte) auf, wonach zusammengefasst werden soll. 2. Die Spalten sollen in der technischen Reihenfolge konsolidiert werden.
4	Kategorie ☑ Linker Spalte	Kategorie ☑ Oberster Zeile	1. Sowohl die Zeilen weisen eine konsistente Beschreibung auf (in der linken Spalte), und 2. die Spalten tragen eine konsistente Beschriftung. 3. Nach diesen Merkmalen soll konsolidiert werden.

8.4.4 Konsolidierung nach Kategorie: Auswahl der Kategorien (Spalten und/oder Zeilen)

Bleiben wir bei dem Beispiel aus Kapitel 8.2 mit folgender Ergänzung: Die Umsätze weisen in den Spalten rechts davon die Umsatzsteuer aus.

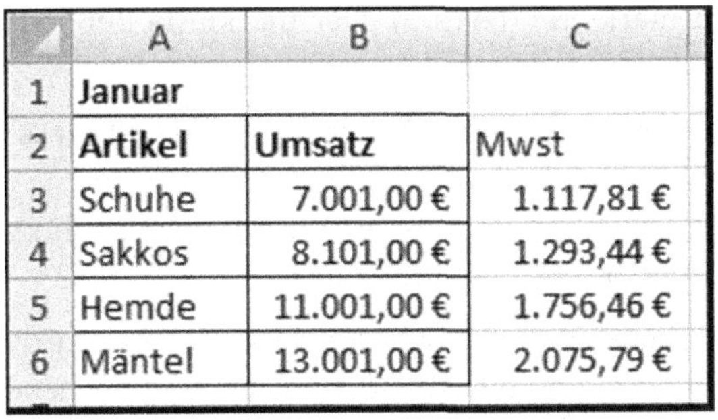

	A	B	C
1	Januar		
2	**Artikel**	**Umsatz**	Mwst
3	Schuhe	7.001,00 €	1.117,81 €
4	Sakkos	8.101,00 €	1.293,44 €
5	Hemde	11.001,00 €	1.756,46 €
6	Mäntel	13.001,00 €	2.075,79 €

Abb. 138 Konsolidierung nach Kategorie: Auswahl Spalten

Die Aufgabenstellung lautet, die Umsatzsteuer zu konsolidieren und zwar nur für die Artikel der Sakkos und Mäntel.

Die Herausforderung für die Konsolidierung

- stellt die Angabe der Spalten dar – die Konsolidierung erwartet technisch einen zusammenhängenden Bereich, wohingegen die Spalte „Umsatz" inhaltlich nicht im Ergebnis vorkommen darf, sowie
- mit dem aktuellen Stand der Konsolidierung werden alle Zeilen berücksichtigt.

Im Endeffekt würde man auf einige Kategorien (sowohl Zeilen als auch Spalten) verzichten bzw. gezielt die benötigten Kategorien angeben wollen.

Dies ist wie folgt möglich:

1. Im Zielbereich die gewünschten Kategorien Zeilen und/oder Spalten manuell eintippen.

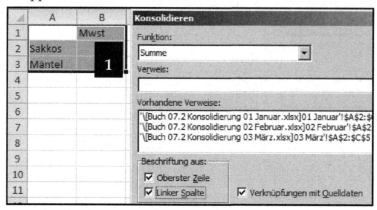

Abb. 139 Konsolidierung nach Kategorie mit Auswahl der Spalten

2. Im Bild oben (siehe Markierung **1**) sind dies die Einträge Sakkos und Mäntel für die Zeilen bzw. MwSt. für die Spalte Mehrwertsteuer.

3. Vor dem Aufruf der Funktion Konsolidierung den im vorigen Punkt manuell definierten Zielbereich markieren (A1:B3). Der markierte Bereich hat folgende Auswirkungen:

   a. Über die Markierung wird der Konsolidierung mitgeteilt, dass eine Kategorie-Auswahl erfolgt.

   b. Die eingetragenen Bezeichnungen/Beschriftungen steuern die von der Konsolidierung letztendlich bearbeiteten Kategorien.

4. Der Aufruf der Konsolidierung mit folgenden Details ist Standard: da die Kategorie der Zeilen und Spalten gewünscht ist, sind die entsprechenden Häkchen `Beschriftung aus:` `☑ Oberster Zeile` bzw. `☑ Linker Spalte` gesetzt. Das Häkchen `☑ Verknüpfungen mit Quelldaten` ist nur aufgrund der Nachvollziehbarkeit der Ergebnisse gesetzt, vgl. folgendes Bild:

1 2	▲	A	B	C
	1			Mwst
·	2		Buch 07.2 Konsolidierung 01 Januar	1.293,44 €
·	3		Buch 07.2 Konsolidierung 02 Februar	3.193,60 €
−	4	Sakkos		4.487,03 €
·	5		Buch 07.2 Konsolidierung 01 Januar	2.075,79 €
·	6		Buch 07.2 Konsolidierung 02 Februar	3.991,92 €
·	7		Buch 07.2 Konsolidierung 03 März	1.517,29 €
−	8	Mäntel		7.584,99 €

Abb. 140 Check konsolidierte Daten

Folgendes Detail muss man bei dem Markieren des Zielbereichs im Schritt 2. oben beachten: Die linke obere Ecke des Zielbereichs muss auf jeden Fall von der Markierung berücksichtigt sein. Diese Ecke dient der Konsolidierung als Orientierung für den Bereich des Endergebnisses.

Trifft man bei der Konsolidierung die Auswahl der Kategorien sowohl in den Zeilen als auch in den Spalten, so wird diese Ecke von der Markierung auf jeden Fall berücksichtigt.

Trifft man dagegen nur in einer Dimension die Auswahl – z.B. Spalte – so muss man eigens die linke leere Ecke mit-markieren: Im vorigen Beispiel wäre dies dann der Bereich A1:B1 (!). Nur die Zelle B1 zu markieren, führt die Konsolidierung in die Irre bzgl. des Zielbereichs.

Tipp: Bei der Auswahl von Kategorien in nur einer Dimension, muss man bei der Markierung des Zielbereichs beachten, dass eine zusätzliche Zelle in der Ecke links oben markiert wird, genauer:

- für Spalten: Links von den manuell angegebenen Überschriften eine zusätzliche Zelle markieren.
- für Zeilen: Oberhalb der manuell eingetragenen Zeilen-Beschriftungen eine zusätzliche Zelle markieren.

8.4.5   Wegweiser: Wann Position/Kategorie?

Die zusammengehörigen Daten zu identifizieren, ist für die Konsolidierung von zentraler Bedeutung. Im einfachsten Fall kann man die Daten anhand der technischen Reihenfolge zueinander zuordnen. Da die richtige Reihenfolge nicht immer gewährleistet werden kann wurde die Konsolidierung nach Kategorie erfunden.

Folgender kurzer Leitfaden soll die Auswahl zwischen diesen beiden Optionen detaillieren – der Leitfaden bevorzugt eindeutig die Konsolidierung nach Kategorie, weil das Ergebnis mit den dazugehörigen Beschriftungen (Zeilen/Spalten) lesbarer ist. Da die Zeilen und Spalten unabhängig aber gleich behandelt werden, beschränkt sich der Leitfaden nur auf die Zeilensicht (für Spalten gelten die analogen Ausführungen):

- Haben die Zeilen aller zu konsolidierenden Bereiche eine konsistente Bezeichnung (in der Spalte links)?
  Unter konsistenter Bezeichnung versteht man die gleiche Bezeichnung für gleichartige Kennzahlen; im obigen Beispiel trifft dies auf die Spalte Artikel zu.
  → Lautet die Antwort **JA**, dann empfiehlt sich die Konsolidierung der Zeilen nach Kategorie mit folgenden Vorteilen:
  a. kein Handlungsbedarf die Zeilen zu sortieren (im Falle von Position müsste man daran denken) und
  b. die konsolidierten Daten weisen die Zeilen-Bezeichnungen auf.
  Anderenfalls weiter mit dem nächsten Kriterium.

- Falls folgende 3 Bedingungen zutreffen:
  a. Die Zeilen weisen zwar keine konsistente Bezeichnungen insgesamt auf,
  b. allerdings sind nur die Zeilen einer Teilmenge interessant und
  c. die Zeilen dieser Teilmenge haben eine konsistente Bezeichnung.

  (Auf gut Deutsch: Zu den konsistent bezeichneten Zeilen gibt es nur noch irrelevante Datensätze)

  ➜ In diesem Fall empfiehlt sich die Konsolidierung der Zeilen nach Kategorie mit Auswahl der Zeilen-Kategorien lt. Kapitel 8.4.4.

  Sind die obigen 3 Bedingungen nicht erfüllt, weiter mit dem nächsten Kriterium.

- Die Zeilen haben keine konsistente Bezeichnung, womöglich gar keine Bezeichnung sind aber konsistent sortiert und es werden alle Zeilen benötigt

  ➜ In diesem Fall führt die Konsolidierung der Zeilen nach Position am schnellsten zum Ergebnis.

- Weder eine konsistente Bezeichnung der Zeilen, noch eine konsistente Sortierung derselben liegt vor.

  ➜ Eine Konsolidierung der Bereiche ist nur nach vorausgehendem Excel-Engineering möglich, d.h. Anpassen/Ändern der Daten, um entweder eine konsistente Bezeichnung zu haben (wenigstens der interessanten Zeilen) oder eine konsistente Sortierung.

  Tendenziell funktioniert die Sortierung schneller, ist aber fehleranfälliger. Die Anpassung der Bezeichnungen ist zwar langwieriger, beinhaltet aber implizit eine Qualitätssicherung: Die Daten sind handverlesen kategorisiert.

8.4.6   Mehrfachnennungen zusammenführen

Ein interessantes Merkmal der Konsolidierung besteht darin, dass selbst ein einziger Datenbereich dieser Funktion als Eingabe ausreicht. Macht dies für die Konsolidierung nach Position wenig Sinn, so ergeben sich bei der Konsolidierung nach Kategorie interessante Vereinfachungsmöglichkeiten für den eingegebenen Bereich: kommen Mehrfachnennungen der Kategorien vor, so werden diese zusammengefasst.

Eine geringfügige Abwandlung des Beispiels aus Kapitel 8.2 soll den Sachverhalt verdeutlichen: In der Umsatzliste im linken Teil des Bildes (siehe weiter unten) sind die Artikel Schuhe und Hemden mehrfach aufgeführt, für die Beträge werden ebenfalls mehrfache Spalten verwendet. Der im rechten Teil des Bildes dargestellte Konsolidierungsaufruf hat als einzigen Datenbereich den fraglichen Bereich. Da sowohl die Artikel als auch die Umsatz-Spalten zusammengeführt werden sollen, sind die Kategorie-Häkchen für Spalten und Zeilen gesetzt.

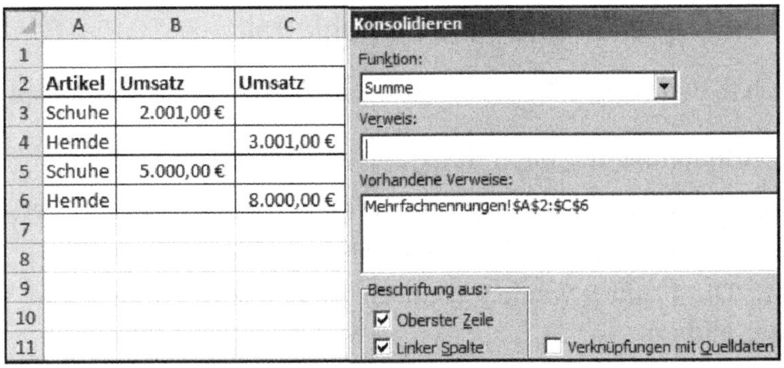

	A	B	C
1			
2	**Artikel**	**Umsatz**	**Umsatz**
3	Schuhe	2.001,00 €	
4	Hemde		3.001,00 €
5	Schuhe	5.000,00 €	
6	Hemde		8.000,00 €
7			
8			
9			
10			
11			

Konsolidieren

Funktion:
Summe ▼

Verweis:

Vorhandene Verweise:
Mehrfachnennungen!$A$2:$C$6

Beschriftung aus:
☑ Oberster Zeile
☑ Linker Spalte   ☐ Verknüpfungen mit Quelldaten

Abb. 141 Mehrfachheiten zusammenführen

Das Ergebnis des Aufrufs ist im nächsten Bild dargestellt, lediglich die Beschriftung „Mehrfachnennungen zusammengefasst" wurde manuell eingegeben:

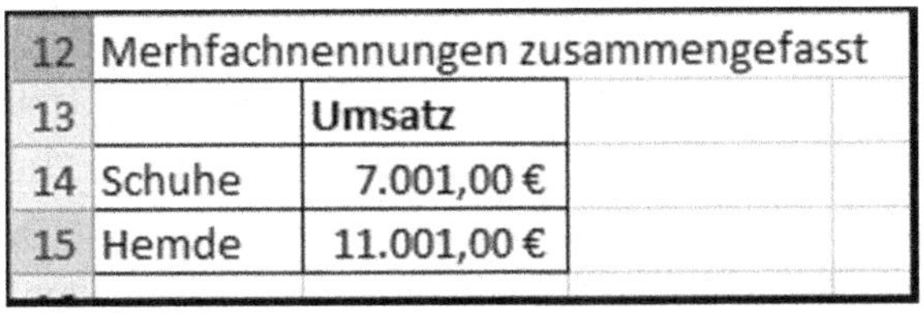

12	Merhfachnennungen zusammengefasst		
13		**Umsatz**	
14	Schuhe	7.001,00 €	
15	Hemde	11.001,00 €	

Abb. 142 Ergebnis Zusammenfassung Mehrfachheiten

Mit der Einstellung ☑ Verknüpfungen mit Quelldaten ließe sich die Zusammensetzung der Beträge überprüfen, darauf wird an dieser Stelle aber der Übersichtlichkeit wegen verzichtet.

8.5 Weitere Betrachtungen zur Konsolidierung

8.5.1 Konsolidierung nach Formeln (Vermeiden!)

Nebst Konsolidierung nach Position und/oder Kategorie führt Microsoft als 3. Möglichkeit die Konsolidierung nach Formeln auf. Dies ist jedoch nichts anderes als das 3D-Bearbeiten von Excel-Blättern, siehe Kapitel 2.4.2.2. Speziell für die Zwecke der Konsolidierung würde man die 3D-Formelbezüge (Kapitel 2.4.2.3) einsetzen. Wie in den vorigen Abschnitten festgestellt, bietet die Konsolidierungs-Funktion selbst für unsortiertes Datenmaterial (d.h. die Blätter haben die Zeilen in willkürlicher Reihenfolge) Hilfe an, wohingegen die 3D-Formelbezüge bezüglich der Reihenfolge der Blätter in einer Excel-Datei instabil sind.

Fazit: Die Konsolidierung ist in Excel die Funktionalität schlechthin um Daten zusammen zu fassen.

8.6 Fehlerquellen und Hilfe im Fehlerfall

Wie auch in den vorigen Kapiteln vgl. auch [ZM] für praktische Beispiele.

8.6.1 Konsolidierung nach Kategorie schlägt fehl

Situation: Konsolidiert wurde mit Beschriftung aus Spalten[42], d.h. bei gleicher Spaltenüberschrift die Daten zusammenfassen.

Problem: Die Spalten werden dennoch separat ausgewiesen und insbesondere nicht konsolidiert.

Abhilfe: Mit Konsolidieren nach Spaltenüberschrift werden Spalten mit gleicher Überschrift zusammengefasst. „Gleich" bedeutet dabei Gleichheit im Sinne von Excel, d.h. auf technischer Ebene müssen die Überschriften gleich sein. Ein Beispiel das einen bezüglich der Fehlerquelle manchmal verzweifeln lässt: Die Überschrift „ABC" unterscheidet sich technisch von der Überschrift „ABC " dahingehend, als dass letztere ein Leerzeichen hinten besitzt. Optisch sind diese Überschriften in Excel nicht zu unterscheiden, technisch sind sie aber ungleich(!).

Will man zwei Spalten zusammenfassen und Excel meint partout, dass diese ungleich sind, so einfach via Zuweisung für die Gleichheit der Spaltenüberschriften sorgen. Im Beispiel aus diesem Kapitel: In der Annahme, dass sich „ABC" in der Zelle A1 befindet, würde man in die Zelle von „ABC " die Formel „=A1" eintragen – die Spaltenüberschriften müssen nun übereinstimmen und die vorliegende Fehlerquelle ist damit behoben. Lassen die Umstände es nicht zu, die Excel-Blätter miteinander zu verknüpfen (z.B. unterschiedliche Dateien), so muss manuell eine Überschrift angepasst werden (im Beispiel Löschen des Leerzeichens).

8.6.2 Verschachtelte Gruppierung

Situation: Die Konsolidierung unter Verknüpfung mit Quelldaten weist mehr als drei Gruppierungs-Ebenen (=Gruppierungsknöpfe) auf und/oder die Gruppierung sieht offensichtlich falsch aus.

Problem: Eine Konsolidierung wurde innerhalb des Ergebnisses einer anderen Konsolidierung getätigt.

Abhilfe: Die Gruppierung zu korrigieren ist aussichtslos mühselig. Die schnellste Lösung besteht darin, die betroffenen Zeilen zu löschen; dies löscht auch die fehlgeleitete Gruppierung, aber auch die konsolidierten Daten. Letzteres ist jedoch kein Problem, da der Aufruf der Konsolidierung von Excel gespeichert wird. Daher kann die Konsolidierung mühelos wieder aufgerufen werden.

Tipp: Die Ergebnisse einer Konsolidierung immer in ein neues Blatt speichern, speziell falls mit Verknüpfung mit Quelldaten gearbeitet wird.

---

42 Für Zeilen verfährt man analog

Bemerkung: Der Aufruf der Konsolidierung wird pro Excel-Blatt gespeichert. Daher geht auch der Konsolidierungs-Aufruf mit dem Löschen des Blattes verloren. Beim Löschen des Blattes weist Excel jedoch nicht darauf hin, dass eventuelle Konsolidierungs-Aufrufe ebenfalls verloren gehen. Vor dem Löschen von einzelnen Blättern empfiehlt es sich zu prüfen, ob man bestehende Konsolidierungsaufrufe noch benötigt.

8.6.3 Verschobene/Unvollständige Kategorien im Ergebnisbereich

Situation: Die Konsolidierung nach Kategorie mit Einschränkung von Kategorien listet nicht alle Kategorien auf bzw. verschiebt diese nach links und/oder oben.

Problem: Die Markierung des Zielbereiches für die Konsolidierung umfasst nicht auch die Ecke links oben, siehe Kapitel 8.4.4.

Abhilfe: Die Markierung der Spaltenüberschriften um eine Zelle nach links erweitern bzw. die Markierung der Zeilen-Bezeichnungen um eine Zelle oberhalb erweitern, siehe auch den Tipp am Ende des Kapitels 8.4.4.

8.6.4 Prüfen der Ergebnisse (Wenn alle Stricke reißen...)

Situation: Die Konsolidierung produziert nicht nachvollziehbare Ergebnisse.

Problem: Die Ursachen können vielfältig sein, z.B. die Sortierung stimmt nicht für die Konsolidierung nach Position bzw. die Kategorien-Namen sind nicht einheitlich für die Konsolidierung nach Kategorie, die Datenbereiche sind nicht richtig, etc.

Abhilfe: Falls nicht mit ☑ Verknüpfungen mit Quelldaten konsolidiert wurde, die Konsolidierung löschen und erneut Aufrufen mit dem obigen Häkchen gesetzt. Das Aufklappen der gruppierten Eingangs-Datensätze sollte Klarheit schaffen, welche Daten pro konsolidiertem Ergebnis letztendlich Verwendung gefunden haben.

8.7 Übungsaufgaben

1. Formulieren Sie in eigenen Worten den Leitfaden aus Kapitel 8.4.5 für die Spalten, d.h. wie entscheidet man sich für die Spalten, wann die Position- oder Kategorie-Konsolidierung einzusetzen ist.
2. Arbeiten Sie die Excel-Dateien (Download unter [ZM]) zum Kapitel durch, und zwar:
   a. Aus dem Verzeichnis *ExcelDateienBuch* die Dateien zum Buch
   b. Aus dem Verzeichnis *Fehlerbewältigung* die Dateien zu den Fehler-Quellen
   c. Aus dem Verzeichnis *Uebungen* die Übungsaufgaben.

9 Abschreibung für Abnutzung (AfA) im Cashflow

Lernziele: 1. Die Cashflow-Komponente der AfA

2. Effektiv-Zinssatz PAngV vor/nach AfA

3. Marktwert Investition vor/nach AfA

Die Abschreibung für Abnutzung (AfA) ist ein wesentliches Instrument der Wirtschaftspolitik und der betrieblichen Finanzierung – der Staat fördert damit die Investitionen von Unternehmen. Die grundliegende Rechnung ist ohne zusätzlichen Daten-Ballast eigentlich überschaubar: Gesetzt den Fall, ein Unternehmen weist zum Jahresende einen Gewinn GuV[43] aus der gewöhnlichen Geschäftstätigkeit[44] von 100 EUR in der Kasse auf, woraus noch eine Zinslast für die Finanzierungen von 7 EUR zu entrichten ist; des Weiteren kann das Unternehmen AfA auf Produktionsgüter (Maschinen) in Höhe von 5 EUR dem Finanzamt gegenüber geltend machen.

Die Kasse vor Steuern KvS ist damit

$$KvS = 100 - 7$$

Die AfA ist keine monetäre Ausgabe, wirkt sich daher nicht auf die Kasse aus.

Die Steuerberechnung des Finanzamtes lautet:

Steuern = Zu versteuerndes Einkommen x Unternehmenssteuersatz

mit Unternehmenssteuersatz = 25% und

zu versteuerndes Einkommen = 100 – 7 – 5

da die AfA von 5 EUR vom Finanzamt als Aufwand anerkannt wird und ebenso die Zinslast von 7 EUR. Damit ergibt sich für die Kasse nach Steuern KnS

$$KnS = KvS \quad - Steuer$$
$$= \underline{100 - 7} - \underline{(100 - 7 - 5)} \times \underline{25\%} = \underline{(100 - 7)} \times \underline{(1 - 25\%)} + 5 \times 25\%$$

Somit besteht die Kasse nach Steuern aus

- dem Kassenbetrag vor Steuern (100 – 7), wovon die Steuer abgeführt wurde via Multiplikation mit (1 – 25%)
- sowie der Steuerrückerstattung 5 x 25% seitens des Finanzamtes(!) auf Grundlage der AfA.

---

43 GuV = Abkürzung für „Gewinn- und Verlustrechnung", ein Bestandteil des externen Rechnungswesens (Buchhaltung).

44 Englisch: EBITA = Earnings Before the deduction of Interest, Taxes and Amortization Expenses, also Gewinn vor Zinsaufwendungen, Steuern und Abschreibungen.

Die obige Rechnung verdeutlicht die Cashflow-Relevanz der AfA, und zwar in Höhe des AfA-Betrages multipliziert mit dem eigenen Steuersatz. Da diese Steuer-rückerstattung

- von der AfA herrührt und
- die AfA von Produktionsgütern verursacht wird,

sind diese Beträge nach dem Verursacherprinzip der zugrundeliegenden Investi-tionsrechnung zuzuschlagen. Dies ist die Wirkung des wirtschaftspolitischen In-struments AfA, um Investitionen zu fördern.

Die Ermittlung des AfA-Einflusses auf die Investitionsrechnung erfolgt im Sinne von Kapitel 3 und Kapitel 5 nach folgenden Schritten:

- Den AfA-Cashflow aufstellen und den Gesamt-Cashflow bestehend aus AfA-Cashflow und Finanzierungs-Cashflow ermitteln.
- Die Effektivzins-Berechnung des Gesamt-Cashflows durchführen sowie
- den Barwert des Gesamt-Cashflows lt. GKM ermitteln.

9.1   Cashflow mit AfA-Komponente

Wie in der Einleitung des Kapitels ausgeführt, beinhaltet die Abschreibung für Abnutzung AfA eine Cashflow relevante Komponente: Das Finanzamt erstattet einmal jährlich den Betrag AfA x Steuersatz. Daher muss dieser AfA-Cashflow in erster Instanz aufgestellt werden. Als nächstes müssen der Darlehens-Cashflow und der AfA-Cashflow zusammengefasst werden.

Die Zahlungen der beiden Cashflows unterscheiden sich offenbar in der Fristigkeit: Während der AfA-Cashflow nur jährliche Zahlungen hat, besitzt der Darlehens-Cashflow i.d.R. monatliche Zahlungen. Für die Konsolidierungsfunktion bedeutet dies zwingend die Option Konsolidierung der Zeilen nach Kategorie, in Excels

Abb. 143 AfA und Cashflow nach Monaten – Konsolidierung nach Zeilen

vereinfachter Ausdrucksweise also die Beschriftung aus linker Spalte. Gegebenen-falls erfolgt auch eine Konsolidierung nach Spalten, z.B. wenn mehrere Spalten ausgeschlossen werden sollen.

In unserem Beispiel einer kreditfinanzierten Maschine in Höhe von 60.000 EUR sei der Abschreibungsraum ebenfalls 10 Jahre und der Schrottwert betrage 10% vom Anschaffungswert. Die Abschreibung sei linear, d.h. der insgesamt abzuschreiben-de Betrag von

$$54.000\ EUR = 60.000\ EUR - 6.000\ EUR$$

wird gleichmäßig auf 10 Jahre verteilt. In den beiden nachfolgenden Bildern sind die Quelldaten für die Konsolidierung dargestellt, und zwar nur der Kopfabschnitt und die ersten 6 Zeilen. Die Cashflow-Spalte des AfA-Cashflows berechnet sich – wie oben beschrieben – aus der AfA multipliziert mit dem Unternehmenssteuersatz von 25%.

	A	B
10	Darlehens-Cashflow	
11	Monat	Cashflow
12	0	60.000,00 €
13	1	-312,50 €
14	2	-312,50 €
15	3	-312,50 €
16	4	-312,50 €
17	5	-312,50 €

	A	B	C
10	AfA-Cashflow		
11	Monat	AfA	Cashflow
12	12	5.400,00 €	1.350,00 €
13	24	5.400,00 €	1.350,00 €
14	36	5.400,00 €	1.350,00 €
15	48	5.400,00 €	1.350,00 €
16	60	5.400,00 €	1.350,00 €
17	72	5.400,00 €	1.350,00 €

Abb. 144 Datenquelle Darlehen   **Abb. 145 Datenquelle AfA-Cashflow**

Man beachte, dass die Excel-Spalten B bei Darlehen bzw. C bei AfA die gleiche Überschrift haben – Cashflow. Dies dient der Konsolidierung als Kennzeichen, diese beiden Spalten zu summieren. Die Spalte AfA im Bild rechts wird zwar für die Berechnung des Cashflows als Zwischenergebnis benötigt, in der konsolidierten Sicht spielt sie keine Rolle mehr.

Der Konsolidierung ist damit festgelegt: Es handelt sich um Konsolidierung der Zeilen nach Kategorie (wg. der unterschiedlichen Monats-Angaben) und der Spalten ebenfalls nach Kategorie, um die Auswahl der Cashflow-Spalten zu ermöglichen, speziell die Spalte AfA im Bild rechts zu unterdrücken, vgl. auch Kapitel 8.4.4. Um ein fortlaufendes Controlling zu haben, wird die Verknüpfung mit den Quelldaten verwendet.

Technisch betrachtet wird

- der Darlehens-Cashflow wird wie in Kapitel 5.2 aufgestellt
- der AfA-Cashflow in einem eigenen Excel-Blatt untergebracht lt. Kapitel 2.4.
- und die Konsolidierung der beiden Cashflows erfolgt in einem separaten Excel-Blatt.

Die Konsolidierung und das Ergebnis sind im folgenden Bild dargestellt. Für die konsolidierten Cashflows (Bild rechts) wurde auf die Darstellung der Gruppierung verzichtet, im Bild wurden auch nur die Zahlungen des ersten Jahres (Monate 0 bis 12) dargestellt.

Der Konsolidierungs-Aufruf hat folgende Begründung:

- Im Feld „Funktion" ist „Summe" gesetzt, damit werden die Zahlungen der beiden Cashflows addiert.

- Die Felder und Drucktasten „Verweis:", „Hinzufügen" und Löschen haben der Aufnahme der Quelldaten gedient.
- Im Feld „Vorhandene Verweise" sind die zu konsolidierenden Bereiche gelistet, wie in den vorherigen 2 Bildern dargestellt.
- Beschriftung aus oberster Zeile angekreuzt: Damit werden nur die beiden Spalten mit der Überschrift „Cashflow" aufsummiert, die „AfA"-Spalte wird separat ausgewiesen.
- Beschriftung aus linker Spalte angekreuzt: Damit ist sichergestellt, dass nur die Beträge summiert werden, welche auch im gleichen Monat anfallen (gut zu sehen am Ergebnis-Bild in der Zeile zum Monat 12).
- Verknüpfung mit Quelldaten ist angekreuzt: Die automatische Aktualisierung der konsolidierten Daten ist damit sichergestellt.

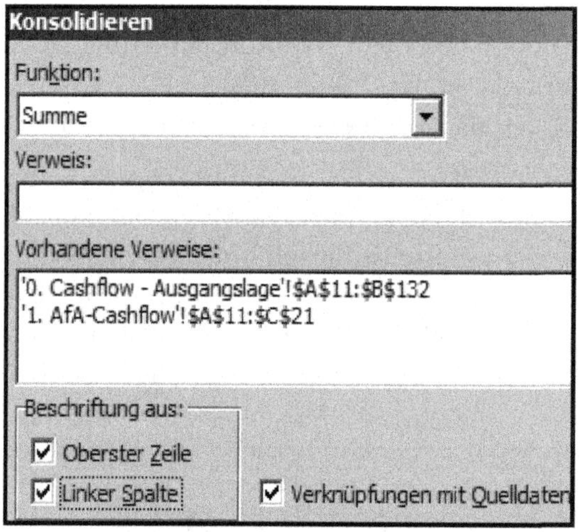

1 2		A	B	C
	9	Konsolidierter CF		
	10			
	11	Monat		Cashflow
+	13	0		60.000,00 €
+	15	1		-312,50 €
+	17	2		-312,50 €
+	19	3		-312,50 €
+	21	4		-312,50 €
+	23	5		-312,50 €
+	25	6		-312,50 €
+	27	7		-312,50 €
+	29	8		-312,50 €
+	31	9		-312,50 €
+	33	10		-312,50 €
+	35	11		-312,50 €
	36		Buch 0	-312,50 €
	37		Buch 0	1.350,00 €
−	38	12		1.037,50 €

Konsolidieren

Funktion:

Summe ▼

Verweis:

Vorhandene Verweise:

'0. Cashflow - Ausgangslage'!$A$11:$B$132
'1. AfA-Cashflow'!$A$11:$C$21

Beschriftung aus:
☑ Oberster Zeile
☑ Linker Spalte   ☑ Verknüpfungen mit Quelldaten

Abb. 146 Aufruf Konsolidierung   **Abb. 147 Ergebnis Konsolidierung**

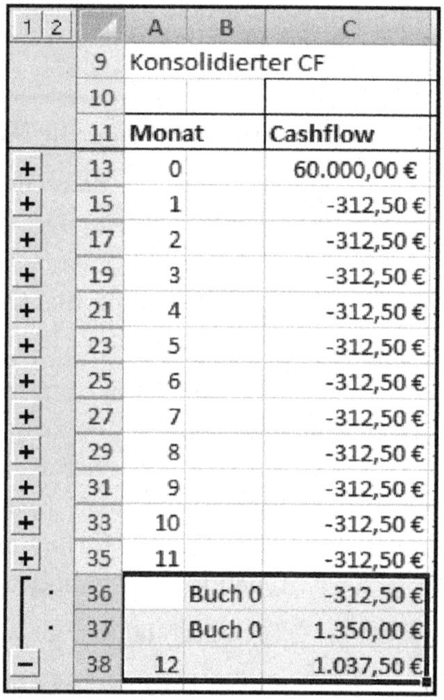

9.2   Effektivzinssatz nach AfA

Um die Auswirkungen der AfA auf den Cashflow zu untersuchen, berechnen wir nun den Effektivzinssatz des konsolidierten Cashflows. Die ersten Schritte sind wie in Kapitel 5:

1. Bestimme eine neue Excel-Zelle[45] für den Effektiv-Zinssatz. Als Startwert sei 5,25% gewählt, nummerisch ist der Nominalzinssatz ein guter Anfangswert für die Zielwertsuche (siehe auch Kapitel 5.4.1).
2. Füge eine neue Spalte „Barwert" hinzu.
3. Stelle die Barwert-Formel auf für die erste Zeile, unter Einbeziehung des Effektivzinssatzes (aus vorigem Punkt), des Betrages im konsolidierten Cashflow sowie des Monats in der linken Spalte des Bereichs.
4. Es folgt nun die Fortschreibung der Barwertformel für alle Zellen der Spalte „Barwert".

Wurde die Konsolidierung mit Quelldatenverknüpfung durchgeführt, so sollten die gruppierten Daten sicherheitshalber auf tiefster Ebene ⌐2⌐ angezeigt werden, damit die Zellen-Fortschreibung der Barwert-Formel alle Zellen erfasst; ebenfalls sollte man sicherstellen, dass sowohl die erste Zelle als auch die letzte Zelle in der Spalte richtig fortgeschrieben wurden, dies stellt einen häufigen Fehler dar. Im letzten Schritt

5. Bilde die (Auto-)Summe der Barwerte und setze diese via Zielwertsuche auf null, um den Effektivzinssatz zu ermitteln.

ist für Konsolidierung mit Quelldatenverknüpfung eine Korrektur notwendig: Die Quelldatenverknüpfung weist die einzelnen Quellzahlen aus, daher enthält die Summe der Zahlen in der Spalte „Barwert" nicht nur die Barwerte sondern auch die Zahlen aus den Quelldaten. Dies kann man durch das Aufklappen der Gliederung nachvollziehen:

1 2		A	B	C	D
	9	Konsolidierter CF			
	10			EffZinssatz:	5,25%
	11	Monat		Cashflow	Barwert PAngV
·	36		Buch 08.2 Effektivzinssatz nach AfA	-312,50 €	- 312,50 €
·	37		Buch 08.2 Effektivzinssatz nach AfA	1.350,00 €	1.350,00 €
−	38	12		1.037,50 €	985,75 €

Abb. 148 Barwert des konsolidierten Cashflows: Gruppierungs-Detail

Da die Monate nur für die konsolidierten Zeilen ausgewiesen werden (im Bild nur Zeile 38 für Monat 12) und die Zeilen für die Quelldaten diesbezüglich leer ausgehen (Zeilen 36 und 37), bedeutet dies, dass in der Spalte Barwert die ursprünglichen Daten (Zellen D36 und D37 im Bild) zusätzlich zu den Barwerten (Zelle D38) vorkommen und die Summe der Barwerte aus der Spalte D verfälscht.

Zu beachten ist, dass die Konsolidierung mit Quelldatenbezug der Summierung hier in die Quere kommt. Das ist aber noch kein Grund das Ganze zu verwerfen:

---

45 Wie in Kapitel 5.5 beschrieben muss für den Effektiv-Zinssatz eine eigene Zelle vorgesehen werden.

Die Summe der Quelldaten muss eben von der Summe der Spalte D abgezogen werden, damit bleiben nur noch die Barwerte übrig. Schritt 5. lautet dann korrekterweise für die Konsolidierung mit Bezug zu den Quellzellen wie folgt:

5'. Summe der Barwerte, Korrektur derselben und Zielwertsuche:

  a. Bilde die (Auto-)Summe der Spalte D (zu bereinigen).
  b. Bilde die (Auto-)Summe der Spalte C (enthält die störenden Werte).
  c. Von der Summe aus a. ziehe die Summe aus b. ab (Bereinigung) .
  d. Mittels Zielwertsuche ermittle den Effektivzins durch Nullsetzen der Formel aus Schritt c.

Die Kontrolle der entsprechenden Zelle E265 ist im Bild via F2-Taste visualisiert, und zwar für die durchgeführte Zielwertsuche (Effektivzins nach AfA somit 2,94%):

1 2		A	B	C	D	E
	9	Konsolidierter CF				
	10			EffZinssatz:	2,94%	
	11	Monat		Cashflow	Barwert PAngV	
	261		Buch 08.2 Effektivzinssatz nach AfA	-52.443,65 € -	52.443,65 €	
	262		Buch 08.2 Effektivzinssatz nach AfA	1.350,00 €	1.350,00 €	
	263	120		-51.093,65 € -	38.254,37 €	
	264					Korrektur:
	265			-16.131,15 € -	16.131,15 €	=D265-C265

Abb. 149 Effektivzinssatz nach AfA

Der Unterschied zu 5. bzw. der Effektivzinsberechnung des Darlehens ist klar: Die Korrektur in den Schritten 5'.b. und 5'.c. ist wegen der Konsolidierung mit Quelldatenbezug hinzugekommen.

9.2.1   Interpretation des Effektivzinssatzes PAngV nach AfA

Zur Interpretation des Effektivzinssatzes PAngV nach AfA: Banken/Geldgeber verfallen mitunter der Versuchung, die Finanzierung durch Berücksichtigung der AfA schön zu rechnen – „nach AfA ist der Zinssatz ja nicht so hoch". Dies stimmt zwar – die AfA drückt gehörig den Effektivzinssatz – jedoch ist dies definitiv nicht der Finanzierung durch die Bank bzw. Geldgeber zuzuschreiben.

Merke: Beim Vergleich von Finanzierungen (Darlehen) untereinander immer ohne AfA rechnen (externe Sicht). Beim Vergleich von Investitionen untereinander immer nach AfA rechnen (interne Sicht).

9.3   Fehlerquellen und Hilfe im Fehlerfall

Wie auch in den vorherigen Kapiteln vgl. auch [ZM] für praktische Beispiele.

Falls es mit der Konsolidierung nicht klappt, sei an dieser Stelle auf das vorangegangene Kapitel verwiesen.

9.3.1   Effektivzinssatz PAngV bzw. Summe Barwerte nicht richtig

Situation: Der errechnete Effektivzinssatz erscheint sehr unwahrscheinlich hoch/niedrig, ggf. kann er von der Zielwertsuche gar nicht ermittelt werden.

Problem: Die Barwertfortschreibung ist in der gruppierten Sicht nicht richtig bzw. die Bereinigung der Barwert-Summe ist nicht richtig erfolgt.

Abhilfe: Zu prüfen ist

- nach Aufklappen der Gruppierung auf 2. Ebene: Haben alle Cashflows einen zugehörigen Barwert? Speziell auch die oberste bzw. unterste Zeile[46]? Anderenfalls müssen die fehlenden Barwerte nachgetragen werden.
- Ist die Bereinigung der Barwert-Summe mit der Summe der Cashflows richtig? Dies erkennt man am schnellsten wie folgt:

    a. Den Effektivzinssatz (Zelle D10) manuell auf null setzen,
    b. damit muss die Summe der Spalte „Barwert PAngV" (Zelle D265) doppelt so hoch sein wie die Summe der Spalte „Cashflow" (Zelle C265)
    c. und somit die Korrektur der Barwertsumme (Zelle E265) gleich der Cashflow-Summe, vgl. die Zellen C265, D265 und E265 im Bild:

1 2		A	B	C	D	E
	9	Konsolidierter CF				
	10			EffZinssatz:	0,00%	
	11	Monat		Cashflow	Barwert PAngV	
	261		Buch 08.2 Effektivzinssatz nach AfA	-52.443,65 € -	52.443,65 €	
	262		Buch 08.2 Effektivzinssatz nach AfA	1.350,00 €	1.350,00 €	
	263	120		-51.093,65 € -	51.093,65 €	
	264					Korrektur:
	265			-16.131,15 € -	32.262,30 €	-16.131,15 €

Abb. 150 Plausibilisierung Korrektur konsolidierter Cashflow

9.4   Übungsaufgaben

1. Arbeiten Sie die Excel-Dateien (Download unter [ZM]) zum Kapitel durch, und zwar:

    a. Aus dem Verzeichnis *ExcelDateienBuch* die Dateien zum Buch
    b. Aus dem Verzeichnis *Fehlerbewältigung* die Dateien zu den Fehler-Quellen
    c. Aus dem Verzeichnis *Uebungen* die Übungsaufgaben.

---

46 Für die Navigation oberste/unterste Zeile siehe Kapitel 2.1.1.

10 Szenario-Analyse: Der Szenario-Manager

Lernziele: 1. Szenarien erstellen/verwalten

               2. Durchführung der Szenario-Analyse

               3. Excel-Blatt als Steuerpult, Zellen benennen

10.1 Motivation Szenario-Analyse

Anders als bei der Zielwertsuche handelt es sich beim Szenario-Manager um eine echte „Was-wäre-wenn-Analyse": Beliebige Eingangsparameter können geändert werden, um deren Auswirkung auf beliebige Ergebnisse zu protokollieren. Am folgenden Beispiel wollen wir die Szenario-Analyse näher untersuchen:

	A	B	C
1	Produzierte Menge X=	500	Stück
2	Kosten = 1.000 + 100*X	51.000,00 €	
3			
4	Gewinn (Erlös -Kosten)	47.000,00 €	

	E	F
1	Stückpreis Y =	200,00 €
2	Umsatz = X * Y	100.000,00 €
3	Provision = 1.000 + X*Y/100	2.000,00 €
4	Erlös (Umsatz - Provision)	98.000,00 €

Abb. 151 Produktion und ...   **Abb. 152 ... Vertrieb**

Gefragt ist ein Bericht, welcher die Gewinn-Funktion an vorgegebenen Stellen auswertet und die Auswertung – d.h. Eingangsparameter und dazugehörige Ergebnisse – tabellarisch darstellt. Für das obige Bild beispielsweise, wie reagiert der Gewinn wenn die produzierte Menge X um 10% wächst und der Stückpreis Y um ±1% schwankt sowie ein separates Crash-Szenario für Stückpreis Y fällt um 10%:

      Sz 1.   X=550, Y=202

      Sz 2.   X=550, Y=198

      Sz 3.   Y=180, X bleibt unberührt.

Offenbar müssen folgende Schritte für jeden Punkt Sz[47] 1.-3. abgearbeitet werden:

1. Setze die vorgegebenen Werte ein.
2. Lasse Excel die Ergebnisse berechnen.
3. Greife die Ergebnisse[48] ab und stelle die Vektoren (Eingangsparameter, zugehörige Ergebnisse) tabellarisch auf.
4. Zurücksetzen der Änderungen aus Punkt A.

Diese Schritte manuell durchzuführen hat folgende Nachteile:

---

47 Sz steht abgekürzt für Szenario

48 Im vorliegenden Fall handelt es sich nur um ein Ergebnis. Die Möglichkeit, mehrere Ergebnisse in Abhängigkeit von Eingangsparametern zu analysieren, wollen wir explizit offen lassen.

- Auf die manuelle Eingabe der Parameter müssen die Ergebnisse ebenfalls manuell abgetippt werden – grob fehleranfällig und zeitaufwändig.
- Will man zusätzliche Ergebniszellen in den Bericht einbinden – im obigen Beispiel z.B. den Erlös – so müssen die Eingangswerte neu abgetippt werden.
- Die Nachvollziehbarkeit (z.B. wegen der Qualitätssicherung) oder die Wiederholbarkeit (z.B. Formeln haben sich geändert) ist nicht gegeben.

Die automatische Abarbeitung der obigen Schritte 1.-4. wird durch den Szenario-Manager gewährleistet.

10.2 Aufruf Szenario-Manager

In Excel 2007 findet man den Szenario-Manager auf dem Reiter Daten → Gruppe Datentools → „Was-wäre-wenn-Analyse":

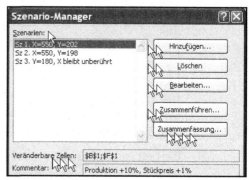

Abb. 153 Szenario-Manager im Menü   **Abb. 154 Aufruf Szenario-Manager**

Beim ersten Aufruf erhält man das Einstiegsbild (siehe Bild oben rechts) mit den Elementen mit folgender Bedeutung:

1. „Szenarien:" (markiert mit 1 Mauszeiger): Die Übersicht der definierten Szenarien, d.h. die zu ändernden Zellen samt Werten.
2. „Bearbeitung Szenarien:" (markiert mit 2 Mauszeigern): Die Schaltflächen „Hinzufügen…", „Löschen" und „Bearbeiten…" definieren/bearbeiten die Szenarien des vorigen Punktes a., die Schaltfläche „Zusammenführen" ermöglicht den Import von Szenario-Definitionen aus anderen Blättern.
3. „Veränderbare Zellen:" (markiert mit 3 Mauszeigern): Bei gewähltem Szenario im Fenster „Szenarien" (Punkt a.) werden die Parameter/Zellen angezeigt, welche von diesem Szenario geändert werden. Im Bild ist Szenario „Sz 1. X=550, Y=202" markiert mit den veränderbaren Zellen B1=Produzierte Menge und F1=Stückpreis.

Im Feld „Kommentar:" findet man die eingetippte Beschreibung zum markierten Szenario; falls manuell keine solche Beschreibung eingetippt wurde, fügt Excel das Datum und den Namen des Szenario-Änderers ein.

4. „Zusammenfassung:" (markiert mit 4 Mauszeigern): Nach dem Eintippen aller Szenarien gemäß Pkt. 2. kann man über diesen Knopf die Szenario-Analyse anstoßen. Eigentlich könnte dieser Knopf die Aufschrift „Szenario-Analyse starten" tragen.

Die Bezeichnung „Zusammenfassung" kann wegen der Ähnlichkeit zur Zusammenführung gelegentlich zu Verwechslungen führen. Immerhin kann man in einem solchen Fall via Abbruch-Knopf zurück zum Szenario-Manager zu gelangen.

Der Szenario-Manager dient somit als Einstiegseite für die Verwaltung der Szenarien und für das Anstoßen der Szenario-Analyse selbst.

10.2.1 Hinzufügen/Bearbeiten eines Szenarios

Das Hinzufügen und das Bearbeiten eines Szenarios sind sehr ähnlich. Fordert man einen dieser Befehle an, so erscheint folgende Erfassungs-Maske:

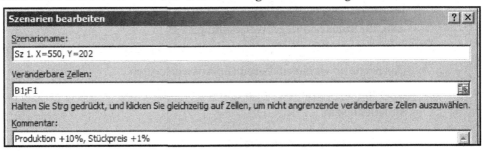

Abb. 155 Szenario pflegen

Klar ersichtlich und eingabe- bzw. änderungsbereit sind die oben beschriebenen Felder „Szenarioname:" (siehe Punkt a.) bzw. „Veränderbare Zellen:" und „Kommentar:" (siehe Punkt c.).

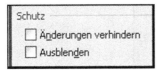

Abb. 156 Uninteressante Details der Szenario-Pflege

Die Verwendung der Häkchen unter „Schutz" (im unteren Bild) hat keinen erkennbaren Mehrwert, da deren Wirkung ohne Weiteres ausgehebelt werden kann:

- „Änderungen verhindern" (falls angekreuzt) soll Änderungen an der Szenario-Definition verhindern. Für die alltägliche Arbeit mit Excel ist dies ein guter Merker, um ein Szenario nicht mehr zu ändern. Eine Revisionssicherheit[49] ist aber nicht gegeben.

---

49 Man kann sich nicht darauf verlassen, dass Szenario-Definitionen nicht verändert wurden, z.B. durch die Schritte Flag zurücksetzen, Änderungen vornehmen, Flag wieder setzen

- „Ausblenden": Falls angekreuzt wird das Szenario in Frage nicht in den späteren Auswertungen verwendet. Es handelt sich also um ein „Parken" von Szenario-Definitionen. Durch das schlichte Löschen der Szenario-Zeile im Ergebnis-Bericht hat man das Gleiche erreicht.

Bestätigt man das Fenster „Szenario bearbeiten", so werden die Szenariowerte in Abhängigkeit von der Anzahl der angegebenen Parameter abgefragt. Im Falle von „Sz 1." beispielsweise werden die produzierte Menge X um 10% auf 550 bzw. der Stückpreis Y um 1% auf 202 heraufgesetzt:

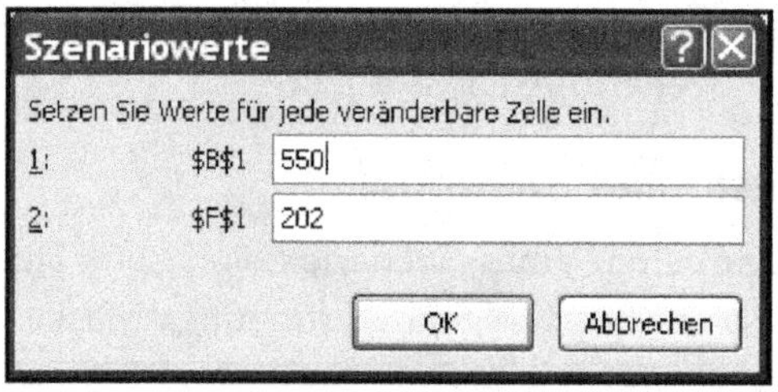

Abb. 157 Szenario-Pflege: Werte eintragen

Ein erneutes Bestätigen mit OK beendet die Szenario-Definition bzw. Änderung. Das Szenario ist einsatzbereit für Auswertungen.

Die Eingangsparameter und deren Anzahl können von Szenario zu Szenario unterschiedlich sein.

10.2.2 Szenariobericht erstellen

Hat man alle relevanten Szenarien erstellt, so will man nun ihre Auswirkung analysieren. Dafür den Szenario-Manager aufrufen und die Schaltfläche „Zusammenfassung" klicken, um die Auswertung anzufordern:

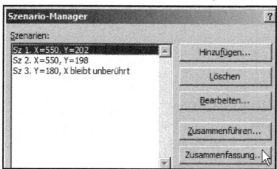

Abb. 158 Szenario-Pflege beendet, Aufruf Szenariobericht

In der Auswahl zum Szenariobericht (Bild unten) muss man noch die „Ergebniszellen:" eintragen. In der Szenario-Definition wurden lediglich die Eingangswerte spezifiziert, in der Berichtsdefinition werden die Ergebniszellen verlangt. Durch diese Trennung der Eingangswerte von den Ergebniszellen kann man die Auswirkung der Eingangswerte auf unterschiedlichen Ergebniszellen untersuchen.

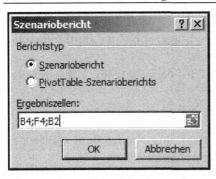

Abb. 159 Szenariobericht: Zu analysierende Zellen

Im vorliegenden Fall (vgl. Bild am Anfang von Kapitel 10.1) sind die Ergebniszellen wie folgt zu setzen:

- B4 für die Gewinn-Funktion
- F4 für die Erlös-Funktion und
- B2 für die Kosten-Funktion

Die Auswahl des Berichtstyps ist im Normalfall der „Szenariobericht". Die Pivot-Tabellen stellen ein mächtiges Werkzeug dar und würden für den Augenblick die Aufmerksamkeit von der Szenario-Analyse ablenken (im Anhang I werden die Grundlagen der Pivot-Tabellen aufgeführt). Das Ergebnis der bisherigen Schritte mit dem Szenario-Manager ist im nächsten Bild dargestellt.

	B	C	D	E	F	G
2	**Szenariobericht**					
3			Aktuelle Werte:	Sz 1. X=550, Y=202	Sz 2. X=550, Y=198	Sz 3. Y=180, X bleibt unberührt
5	Veränderbare Zellen:					
6	$B$1		500	550	550	500
7	$F$1		200,00 €	202,00 €	198,00 €	180,00 €
8	Ergebniszellen:					
9	$B$4		47.000,00 €	52.989,00 €	50.811,00 €	37.100,00 €
10	$F$4		98.000,00 €	108.989,00 €	106.811,00 €	88.100,00 €
11	$B$2		51.000,00 €	56.000,00 €	56.000,00 €	51.000,00 €
12	Hinweis: Die Aktuelle Wertespalte repräsentiert die Werte der veränderbaren					
13	Zellen zum Zeitpunkt, als der Szenariobericht erstellt wurde. Veränderbare Zellen					
14	für Szenarien sind in grau hervorgehoben.					

Abb. 160 Ergebnis Szenariobericht

Man erkennt darauf

- in den Spalten E bis G die Szenario-Definitionen, in der Kopfzeile sind die Szenario-Namen eingetragen
- in der Spalte D den aktuellen Zustand der Werte, als Vergleichsbasis.

- Die Zeilen werden von Excel gut strukturiert: Im ersten Abschnitt (Zeilen 6-7) werden die veränderbaren Zellen aufgeführt, im darauf folgenden Zeilenblock (Zeilen 9 bis 10) die Ergebniszellen.
- Wie von Excel im Bild (Zeilen 12:14) vermerkt, sind die veränderten Zellen im Bericht grau hinterlegt.

Mit dem Szenario-Manager sind die obigen Nachteile wie folgt beseitigt:

- Die simulierten Werte müssen zwar einmal eingetippt werden, Ergebnisse abgreifen und Tabelle aufstellen erfolgt automatisch.
- Es können bequem neue/andere Ergebniszellen angegeben werden.
- Die Szenario-Analyse ist beliebig oft durchführbar.

Der Szenario-Manager bietet darüber hinaus folgende angenehme Eigenschaften:

1. Die Handhabung der Eingangsparameter (Eintragen der Zellen und deren Werte) erfolgt losgelöst von den Ergebniszellen.
2. Die technische Darstellung der Szenario-Tabelle kann man durch ansprechende Namen verfeinern, siehe Kapitel 10.3.1.

Für das Arbeiten mit mehreren Blättern ist folgender Hinweis wichtig:

3. Sämtliche Eingangsparameter-Zellen und Ergebniszellen müssen aus dem Blatt sein, in welchem der Szenario-Manager aufgerufen wird.

Dabei spielt es für Excel keine Rolle, ob die Berechnungen/Formeln auf anderen Blättern oder gar Dateien verteilt sind, der Szenario-Manager weigert sich beharrlich für mehr als ein Excel-Blatt zu arbeiten. Weitere Eigenschaften sind:

4. Die im Szenario-Manager eingestellten Daten werden per Excel-Blatt gespeichert.
5. Szenarioberichte haben keinen technischen Bezug zu den ursprünglichen Daten[50].
6. Maximal 32 Ergebniszellen können simuliert werden.

Die Eigenschaft 4 ist analog zur Konsolidierung und bedeutet, dass beim Löschen eines Blattes evtl. vorhandene Szenario-Manager-Daten ohne Vorwarnung ebenfalls gelöscht werden. Die letzte Eigenschaft

7. Die Kommentare zu den Szenarien und die Änderungshistorie können jederzeit überschrieben werden.

spielt in der Praxis keine nennenswerte Rolle.

---

50 In der Konsolidierung würde man sagen: „Ohne Quellbezug"

10.3 Fortgeschrittene Techniken Szenario-Analyse

10.3.1 Eigene Namen für die Szenario-Tabelle – Namensmanager

Optimierbar am obigen Szenariobericht ist der Umstand, dass der Bericht die technischen Namen der Zellen aufführt. Beispielsweise wird in der Zelle B6 der Bezug der produzierten Menge $B$3 angegeben, erwarten würde man eine lesbare Beschreibung[51]. Dies ist möglich über die Benennung der involvierten Zellen. Dies reicht aus, um bei der nächsten Ausführung des Szenarioberichts statt der technischen Bezeichnungen dedizierte Namen angegeben zu haben:

B	C	D	E	F	G
Szenariobericht					
			Sz 1. X=550,	Sz 2. X=550,	Sz 3. Y=180, X
		Aktuelle Werte:	Y=202	Y=198	bleibt unberührt
Veränderbare Zellen:					
	Produzierte_Menge_X	550	550	550	550
	Stückpreis_Y	202,00 €	202,00 €	198,00 €	180,00 €
Ergebniszellen:					
	Gewinn__Erlös__Koste	52.989,00 €	52.989,00 €	50.811,00 €	41.010,00 €
	Kosten___1.000___100	56.000,00 €	56.000,00 €	56.000,00 €	56.000,00 €
	Erlös__Umsatz__Provi				
	sion	108.989,00 €	108.989,00 €	106.811,00 €	97.010,00 €

Hinweis: Die Aktuelle Wertespalte repräsentiert die Werte der veränderbaren Zellen zum Zeitpunkt, als der Szenariobericht erstellt wurde. Veränderbare Zellen für Szenarien sind in grau hervorgehoben.

Abb. 161 Beschreibung der relevanten Szenario-Zellen

Die im Bild angezeigten Bezeichnungen wurden automatisch produziert mittels des Verfahrens des nächsten Abschnitts. Das Verfahren beruht auf der Beschreibung der Zeilen (jeweils links von der fraglichen Zelle).

10.3.1.1 Eigene Namen: Massenbearbeitung von Zellen

Um mehreren Zellen in einem Schritt einen entsprechenden Namen zuzuweisen, muss man folgendes markieren:

- die zu benennenden Zellen sowie
- die Zellen, welche die Namen tragen.

Die Markierung muss einen zusammenhängenden Bereich ergeben.

Betrachten wir das Beispiel der vorigen Abschnitte, so müssen wir im ersten Schritt den Bereich A1:B4 markieren (die leeren Zellen A3 und B3 der Einfachheit halber mit eingeschlossen). Aus der Spalte A sollen die Bezeichnungen entnommen werden.

---

51 Im Grunde genommen „nur" eine kosmetische Angelegenheit; da aber die Szenarioberichte in der reinen technischen Sicht schwer lesbar sind, ist dies die Motivation für den vorliegenden Abschnitt.

	A	B	
1	Produzierte Menge X=	550	Stü
2	Kosten = 1.000 + 100*X	56.000,00 €	
3			
4	Gewinn (Erlös -Kosten)	52.989,00 €	
5			

Abb. 162 Eigene Zellen-Name aus Spalte links

Als nächstes im Excel 2007 Menü unter dem Pfad Formeln→ Aus Auswahl erstellen die Namensgebung anstoßen (vgl. Bild unten links). Excel wird daraufhin mit einer Bestätigung der Namensauswahl reagieren – die im Bild rechts unten vorgeschlagene Erstellung der Namen aus der linken Spalte stimmt, daher mit der Taste OK bestätigen.

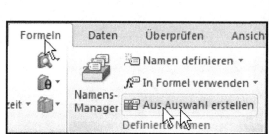

Abb. 163 Aufruf Namen aus Auswahl   **Abb. 164 Optionen für Namen**

Da Excel keine visuelle Rückmeldung liefert, kann man sich nur über das Nachprüfen von den Auswirkungen der obigen Schritte vergewissern: Positioniert man den Mauszeiger beispielsweise in Zelle B1, so erscheint in dem Eingabefeld links, oberhalb von A1 und der Leiste der Spaltenbezeichnungen der neue Name für die Zelle B1 (im Bild mit einem Mauszeiger versehen). Für den Szenariobericht muss man nun auch die Umsatz-Zellen wie vorhin benennen: Bereich E1:F4 markieren, im Excel-Menü über Formeln → Aus Auswahl erstellen, etc. Nach diesen Schritten liefert der Szenariobericht ausschließlich Berichte mit den Bezeichnungen statt technischer Namen (vgl. den Szenariobericht zu Beginn dieses Abschnitts).

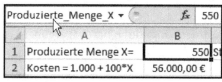

Abb. 165 Prüfen des Zellen-Namens

Für die Szenario-Analyse nicht mehr relevant aber der Vollständigkeit halber, ist im Anhang III die Benennung von Zellen sowie eine Gegenüberstellung der Vor- und Nachteile aufgeführt.

10.3.2 Szenario-Analyse über mehrere Excel-Blätter: Das Steuerpult-Blatt

Eine Einschränkung des Szenario-Managers ist die Beschränkung der Zellen (Eingabe- sowie Ergebnis-Zellen) auf das aktuelle Excel-Blatt. Damit scheidet zunächst das Arbeiten mit mehreren Excel-Blättern aus. Dieser Abschnitt zeigt auf, wie man diese Einschränkung umgehen kann – im Wesentlichen werden die Eingabe- und Ergebnis-Zellen auf ein einziges Blatt umgelenkt, wonach der Szenario-Manager dann angewendet werden kann. Dieses Blatt heißt auch Steuerpult, da darüber die wesentlichen Daten gesteuert werden.

Die Vorgehensweise für das Erstellen des Steuerpult-Blattes wird anhand eines Beispiels dargestellt: Im Excel-Blatt „Eingabeblatt" ist die Variable X in der Zelle B3 definiert, im Blatt „Ergebnis" die quadratische Funktion X^2 definiert.

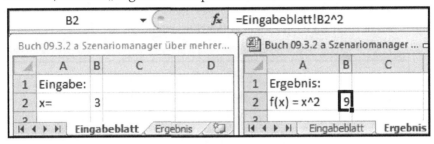

Abb. 166 Szenarioanalyse über mehrere Excel-Blätter

Will man nun via Szenario-Manager ein paar Szenarien für X im Ergebnisblatt wie im Bild unten links definieren, so verweigert der Szenario-Manager mit der Fehlermeldung im Bild rechts die Zusammenarbeit. Stein des Anstoßes für den Szenario-Manager ist die veränderbare Zelle (Bild links, mit einer Pfeiltaste markiert) aus dem Eingabeblatt, da der Szenario-Manager auf dem Ergebnisblatt definiert ist.

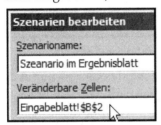
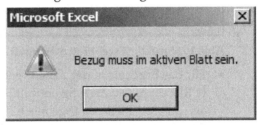

Abb. 167 Szenario anlegen ...   **Abb. 168 ... wird von Excel verweigert**

Diese Einschränkung kann man wie folgt umgehen:

- Ein Steuerpult-Blatt muss bestimmt werden. Im vorliegenden Fall kann dies eines der existierenden Blätter oder ein neues sein. Ein neues Blatt ist immer eine gute Entscheidung, wenn man die ursprünglichen Blätter so wenig wie möglich ändern will.
- Für jeden Eingabeparameter P muss ein Parameter P_{Steuer} im Steuerpult-Blatt angelegt werden. Dem alten Parameter P muss man daraufhin den Wert seines Steuerpult-Pendants P_{Steuer} zuweisen: $P = P_{Steuer}$.

➜ Was wurde dadurch erreicht? Jede Änderung der Eingabe-Parameter des Steuerpults bewirkt die Änderung der entsprechenden Parameter in den ursprünglichen Blättern.

- Gleiches Spiel für die Ergebnis-Zellen nur in die Richtung von den ursprünglichen Blättern nach Steuerpult: Für jedes Ergebnis lege im Steuerpult einen entsprechenden Parameter an und verlinke diesen auf das ursprüngliche Ergebnis.

➜ Was wurde dadurch erreicht? Jede Neu-Berechnung der Ergebnisse wirkt sich auf die entsprechenden Ergebnis-Zellen des Steuerblattes aus.

Im nächsten Bild ist das bisherige Excel-Engineering dargestellt, dazu die folgenden Erläuterungen:

- In der Funktionsleiste ist die Zelle Eingabeblatt!B3 mit Bezug auf Steuerpult!B2 klar erkennbar (vgl. Mauszeiger). Dies ist im Bild auch als (oberer) Pfeil von Steuerpult!B3 nach Eingabeblatt dargestellt.

Damit ist sichergestellt, dass das Steuerpult den Eingabewert steuert.

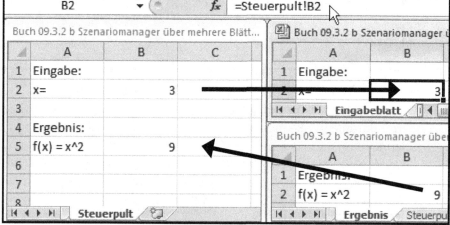

Abb. 169 Struktur Excel-Blatt Steuerpult

- Für das Ergebnis in der Zelle Ergebnis!B2 gilt das Gleiche nur in die umgekehrte Richtung: Die Zelle Steuerpult!B5 verweist auf die Zelle Ergebnis!B2, im Bild als (unterer) Pfeil von Ergebnis!B2 nach Steuerpult!B5 dargestellt.

Damit ist sichergestellt, dass sich jede Änderung des Ergebnisses im Steuerpult niederschlägt.

Durch die obigen Umformungen ist es nun möglich, die Szenario-Analyse basierend auf dem Steuerpult zu realisieren. Ein weiterer Vorteil: Dass Steuerpult gibt eine klare Übersicht der als wichtig erachteten Daten. Als Wermutstropfen bleibt der Umstand, dass in den ursprünglichen Excel-Blättern kleine Änderungen vorgenommen wurden, speziell an den Eingangsparametern.

10.4 Weitere Anwendungen des Szenario-Managers

10.4.1 Funktions-Schaubilder on-top-of Szenarioberichte

Mit Hilfe der Szenario-Analyse lassen sich Funktionswerte einfach tabellarisch darstellen. Diese Technik ist generell für die Visualisierung von Szenarien interessant. Sie eignet sich auch als Hilfestellung für das Kapitel 4: Falls die Zielwertsuche versagen sollte (siehe Kapitel 4.4.2, Punkt 3), hilft nur eine Kurvendiskussion/graphische Darstellung der Funktion, um diese genauer zu analysieren. Liegt die Funktionsdefinition nicht als geschlossene Formel vor, so bleibt nur die Szenario-Analyse übrig, um eine tabellarische Auflistung (X, F(X)) der Funktion zu erstellen. Ein einfaches Beispiel anhand der obigen quadratischen Funktion ergibt den Szenariobericht:

Szenariobericht					
	Aktuelle Werte:	X=-1	X=0	X=1	X=2
Veränderbare Zellen:					
$B$3	2	-1	0	1	2
Ergebniszellen:					
$B$4	4	1	0	1	4

Abb. 170 Szenariobericht für Funktionsdiagramm

Der darauf aufbauenden graphischen Darstellung entnimmt man, dass man mit

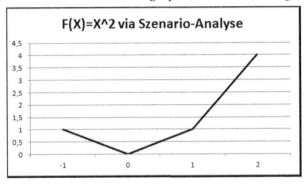

Abb. 171 Funktionsdiagramm aus Szenariobericht

geringem Aufwand eine schematische Übersicht der Funktionsweise von Excel-Funktionen realisieren kann. Excel-Berechnungen, die in der Praxis häufig überbordend ausfallen, kann man auf diese Art und Weise schnell analysieren.

Tipp: Ausufernde Excel-Berechnungen kann man im ersten Schritt über ein Schaubild „on top of" Szenario-Analyse angehen, um ein Gefühl für die Ergebnisse (Zahlen/Daten) zu bekommen.

10.4.2 Szenario-Manager als Datenspeicher

Datenanalysen benötigen oft verschiedene Mengen an Zahlen/Daten, die in diesel-ben Berechnungen einfließen sollen. Als Beispiel sei folgende einfache Situation dargestellt, dass eine Eingangsvariable X mehrere ausgewählte Werte annehmen kann/soll. Den Szenario-Manager kann man auch für solche Fälle einsetzen: Die Szenario-Definitionen werden als Datenspeicher verwendet. Auf den 2. Schritt – Auswertungen/Szenarioberichte – verzichtet man, stattdessen findet der Knopf

Anzeigen Verwendung: Für die einzeln definierten Szenarien werden bei Be-darf die gespeicherten Daten damit aufgerufen.

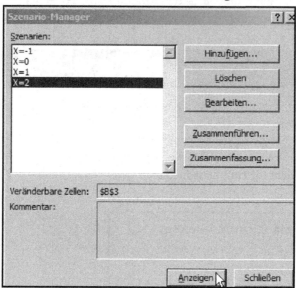

Abb. 172 Szenario-Definition: Bequemer Datenspeicher

Die Vorteile dieser Vorgehensweise ist eine zuverlässige Verwaltung der Daten, inklusive des Aufrufs.

10.5 Fehlerquellen und Hilfe im Fehlerfall

Wie auch in den vorigen Kapiteln vgl. auch [ZM] für praktische Beispiele.

10.5.1 Überschreiben aktueller Werte durch die Szenario-Werte

Situation: Der Szenario-Manager hat einige Zellen verändert, sollte (lt. Kapitel 10.1) jedoch keine Zellen verändern.

Problem: Unwillkürliches Klicken des Knopfes „Anzeigen" am unteren Rand des Bildes (siehe voriges Bild oben) zum Szenario-Manager setzt die Werte des aktuel-len Szenarios in die betreffenden Excel-Zellen ein.

Abhilfe: Szenario-Manger-Fenster ggf. erst schließen und mit dem Excel-Befehl Rückgängig-Machen, Tastenkombination Strg-z, die alten Daten wiederherstellen.

10.5.2 Aktualisierung des Szenarioberichts

Situation: Die Daten der Szenarioberichte weichen von den Ursprungsdaten in den Excel-Blättern ab.

Problem: Die Szenarioberichte haben keinen Bezug zu den Quelldaten, Änderungen an den Quelldaten wirken sich daher nicht auf die Berichte aus.

Abhilfe: Für die neuen Daten muss der Szenariobericht erneut aufgerufen werden.

10.5.3 Szenariopflege stockt

Situation: In der Pflege von Szenarien (Anlegen/Ändern) stockt die Eingabe.

Problem: Die Szenario-Pflege (Kapitel 10.2.1) erwartet für das Feld „Veränderbare Zellen" ausschließlich Zellenbezüge und als Szenariowerte sind ausschließlich Werte (d.h. keine Zellbezüge) zugelassen[52].

Abhilfe: Sich strikt an den Vorgaben halten: Zellen für Zellbezüge und Werte (Zahlen, etc.) für Szenariowerte eintragen.

10.5.4 Probleme mit der Benennung von Zellen

Situation: Die Benennung von Zellen lt. Kapitel 10.3.1 weist Namen ab.

Problem: Die Namen für Zellen müssen einer bestimmten Konvention genügen – die Benennung von Zellen ist eine technische Funktion, die von Microsoft aus der Entwicklungsschicht VBA[53] an der Benutzeroberfläche verfügbar gemacht wurde. Entweder ist der vorgeschlagene Name nicht konform zu dieser Konvention oder es existiert bereits ein solcher Name.

Abhilfe: Falls der Name schon vorhanden ist, muss man einen neuen Namen aussuchen. Anderenfalls muss man sich an folgende Konvention für Namen von Zellen halten:

- Ein Name beginnt mit einem Buchstaben.
- Ein Name kann Buchstaben und Ziffern enthalten.
- Das Zeichen „_" (Unterstrich) wird zu den Buchstaben gezählt. Dieses Zeichen wurde als Ersatz für das Leerzeichen bestimmt.
- Groß- und Kleinschreibung spielt für Excel keine Rolle.

Im Allgemeinen sind Namen für Zellen in der Praxis nicht häufig anzutreffen, siehe auch Kapitel 16.3.

---

52 Dies ist ein Unterschied zu SVerweis, wo i.d.R. sowohl Zellbezüge also auch Werte möglich sind

53 VBA = Visual Basic for Applications, die Programmiersprache, in der Excel geschrieben wurde und mit Hilfe deren Excel erweitert werden kann.

10.6 Übungsaufgaben

1. Arbeiten Sie die Excel-Dateien (Download unter [ZM]) zum Kapitel durch, und zwar:

   a. Aus dem Verzeichnis *ExcelDateienBuch* die Dateien zum Buch

   b. Aus dem Verzeichnis *Fehlerbewältigung* die Dateien zu den Fehler-Quellen

   c. Aus dem Verzeichnis *Uebungen* die Übungsaufgaben.

11 Cashflow mit Umsatz-Prognosen

Lernziele: 1. Elementare Umsatzprognosen aufstellen

2. Cashflow Investitionsrechnung mit Umsatzprognosen

3. Unwägbarkeiten Prognose mit Szenarien abfangen

Dieses Kapitel stellt den inhaltlichen Höhepunkt des Buches dar, es beinhaltet faktisch alle bisher betrachteten Excel-Methoden und -Vorgehensweisen sowie die Gesamtsicht einer Investition.

Die bisherigen Betrachtungen der Investitionsrechnung haben sich auf die Aufwendungen für die Finanzierung konzentriert. Investitionen werden getätigt, um aus der Veräußerung von Produkten und/oder Dienstleistungen Einnahmen zu generieren. Die Einnahmen aus der Investition sind nach dem Verursacherprinzip der Investition zuzurechnen bzw. für die Beurteilung derselben heranzuziehen. Aus diesem Grund werden die Einnahmen aus der Investition in der dazugehörigen Investitionsrechnung berücksichtigt.

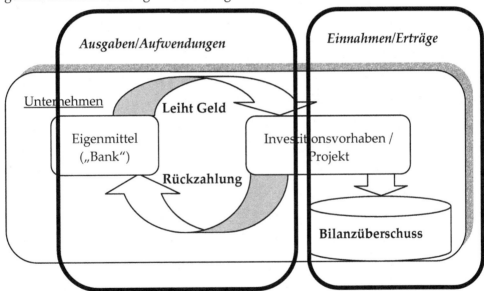

Abb. 173 Aufwendungen und Erträge

Beim Versuch, die Einnahmen aus der Investition in die die Investitionsrechnung einfließen zu lassen, stößt man auf folgendes Henne-Ei-Problem: Die Investitionsrechnung stellt man vor dem Tätigen der Investition auf, die Einnahmen aus der Investition fließen jedoch danach, werden aber in der Investitionsrechnung benötigt, um die Wirtschaftlichkeit der Investition zu beurteilen.

Dieses Henne-Ei-Dilemma wird wie folgt angegangen:

- Eine Marktforschung[54] schätzt das Marktvolumen für das Endprodukt der Investition (Produkt und/oder Dienstleistung), idealerweise heruntergebrochen auf Geschäftsjahre, wenn nicht gleich auf Quartale.
- Die Umsatzprognose wird als Grundlage für die Investitionsrechnung genommen.
- Nach der Durchführung der Investitionsrechnung wie bisher – mit AfA, konsolidierten Cashflows, Barwerte GKM, etc. – muss man sich die Frage stellen, was wäre, wenn die Umsatzprognose doch nicht getroffen wird, sondern in Abhängigkeit von Szenarien – Bedarf niedriger, Auf- oder Abwertung der Währung, etc. – es zu anderen Umsätzen kommt?

Die überwiegende Anzahl der Investitionsrechnungen werden in Excel durchgeführt. Excel bietet den Szenario-Manager an, um Unwägbarkeiten/Unsicherheiten einer Was-Wäre-Wenn-Analyse zu unterwerfen. Angesichts von Budget-Knappheit und immer komplexerer Rahmenbedingungen in der Wirtschaft einerseits, sowie der einfachen Handhabung des Szenario-Managers andererseits, ist der 3. Aufzählungspunkt ein Muss für alle Investitionsrechnungen.

Für den obigen Aufzählungspunkt 1 setzen wir das Darlehens-Beispiel der vorigen Kapitel voraus: 60.000,- EUR Nominalbetrag, 5,25% Nominalzinssatz sowie AfA während der nächsten 10 Jahre auf 10% des Anschaffungswertes. Die einzelnen Komponenten lauten wie folgt:

1. Die Darlehenskalkulation ist wie in Kapitel 3.2:

	A	B	C	D	E	F
1	Nominalbetrag	60.000,00 €				
2	Nominalzinssatz	5,25%				
3	Anfängl. Tilgung%	1%				
4	Laufzeit	10	Jahre			
5	monatliche Rate					
6						
7	Rate jährlich:	3.750,00 €				
8	Rate monatlich:	312,50 €				
9						
10						
11	Monat	Restschul Beginn Periode	Rate	Zins	Tilgung	Restschuld Ende Periode
12	0					60.000,00 €
13	1	60.000,00 €	312,50 €	262,50 €	50,00 €	59.950,00 €
14	2	59.950,00 €	312,50 €	262,28 €	50,22 €	59.899,78 €
15	3	59.899,78 €	312,50 €	262,06 €	50,44 €	59.849,34 €

Abb. 174 Das Darlehen für die Investitionsrechnung

2. der Cashflow des Darlehens inkl. Effektivzinssatz PAngV wird berechnet wie in Kapitel 5.2:

---

54 Federführend ist in der Regel die Vertriebsorganisation.

	C12		f_x	=B12/(1+$C$7)^(A12/12)	
	A	B	C	D	E
7		EffektivZinssatz	5,38%		
8					
9					
10	Darlehens-Cashflow				
11	Monat	Cashflow	Barwert		
12	0	60.000,00 €	60.000,00 €		
13	1	-312,50 €	- 311,14 €		
14	2	-312,50 €	- 309,78 €		
15	3	-312,50 €	- 308,43 €		
16	4	-312,50 €	- 307,09 €		

Abb. 175 Darlehens-Cashflow für die Investitionsrechnung

3. der dazugehörige Barwert GKM des Darlehens ist wie in Kapitel 7.3:

11	Darlehens-Barwert GKM:				
12	Monat	Cashflow	Barwert	Zinssatz GKM	Barwert GKM
130	117	-312,50 €	- 187,51 €	3,16%	- 230,74 €
131	118	-312,50 €	- 186,70 €	3,16%	- 230,14 €
132	119	-312,50 €	- 185,88 €	3,16%	- 229,54 €
133	120	-52.443,65 €	-31.058,87 €	3,16%	- 38.421,97 €
134					
135		Barwert Bank (EffZins)	- 0,00 €	Barwert lt. Zinsstrukturkurve GKM	- 11.192,69 €

Abb. 176 GKM-Barwert Darlehen

In diesem Kapitel gilt es, den Barwert GKM für die *gesamte* Investition zu berechnen, d.h. Darlehens-Cashflow, AfA-Cashflow und Umsatz-Cashflow zusammengenommen.

4. die AfA-Komponente des Cashflows wie in Kapitel 9.1:

	C13		f_x	=B13*$B$9
	A	B	C	
1	Anschaffungswert	60.000,00 €		
2	Schrottwert% Ende Laufzeit	10%		
3	Laufzeit:	10	Jahre	
4				
5	Schrottwert	6.000,00 €		
6	Abzuschreibender Betrag:	54.000,00 €		
7	AfA linear p.a.	5.400,00 €		
8			**AfA x**	
9	Unternehmenssteuersatz:	25%	**Steuersatz**	
10				
11	AfA-Cashflow			
12	Monat	AfA	Cashflow	
13	12	5.400,00 €	1.350,00 €	
14	24	5.400,00 €	1.350,00 €	
15	36	5.400,00 €	1.350,00 €	

Abb. 177 AfA-Cashflow des Darlehens

11.1 GKM-Barwert der Investition mit Umsatzprognose

Für die beispielhafte Aufstellung des eingehenden Cashflows unterstellen wir ein Marktvolumen von 100.000,- EUR für den Planungshorizont von 10 Jahren und modellieren den Cashflow durch Gleichverteilung auf alle Quartale:

	B3	▼	f_x	=B1/(B2*4)
	A	**B**	**C**	
1	Marktvolumen	100.000,00 €		
2	Jahre	10		
3	Quartalsumsatz	2.500,00 €		
4				
11	**Monate**	**Cashflow**		
12	0			
13	3	2.500,00 €		
14	6	2.500,00 €		

Abb. 178 Prognose auf Quartalsebene

Die Quartale ergeben sich aus der Gepflogenheit[55] der Unternehmen, quartalsweise den Umsatz zu veröffentlichen. Daher auch die Quartale als Basis der Umsatzschätzung bzw. des eingehenden Cashflows.

Damit man den Umsatz mit den monatlichen Zahlungen des Darlehens-Cashflow konsolidieren kann ist es ratsam, die Quartale des Umsatz-Cashflows in Monat einzutragen.

Wie für die anderen Cashflows (Darlehen, AfA) stellt sich die Aufgabe, die Umsatzprognose in das Gesamtbild der Investitionsrechnung zu integrieren, d.h.:

- Den Cashflow aus der Umsatzprognose mit den anderen Cashflows zusammenführen (→Konsolidieren).
- Für den so entstandenen „Super"-Cashflow der Investitionsrechnung mit den Zinsen des Geld- und Kapitalmarktes GKM den Barwert berechnen (→ SVerweis und Abzinsen)
- Last but not least: Da der Umsatz-Cashflow mit Unsicherheiten behaftet ist, muss man ein paar Szenarien bzw. deren Auswirkung auf den Barwert des vorigen Punktes 2. in Betracht ziehen, zum Beispiel:

  a. Welche Auswirkungen auf den Barwert GKM der Investition hat ein Schwanken des Marktvolumens von ± 1%?

  b. Wie sind die Zahlen aus Punkt a. zu interpretieren: Sind die Auswirkungen auf den Barwert vernachlässigbar wenn das Marktvolumen um ± 1% schwankt? – z.B. vernachlässigbar im Vergleich mit dem Schwanken um ± 1 Prozentpunkt der Nominalzinsen?

    → Technisch bedeutet dies, dass man die Szenarien für Marktvolumen ± 1% und Nominalzinssatz ± 1 Prozentpunkt aufstellen muss.

---

55 Börsennotierte Unternehmen sind verpflichtet Quartalsberichte zu veröffentlichen.

Eine Bemerkung am Rande der obigen Schritte: Für das Darlehen sowie Darlehen mit AfA haben wir nach dem 1. Schritt auch den Effektiv-Zinssatz PAngV errechnet. Da es sich um zu begleichende Schulden handelte, ist die Frage nach dem Effektivzinssatz („Preis für die Schulden") wirtschaftlich gerechtfertigt. Nach der Hinzunahme des Umsatz-Cashflows handelt es sich nicht mehr um eine zu begleichende Schuld[56]. Daher stellt sich nicht mehr die Frage nach dem Preis für das Überlassen des Geldes, d.h. nach dem Effektivzinssatz PAngV. Der einzige und korrekte Maßstab für die Bewertung der Investitions-Cashflows ist der Barwert mit den GKM-Zinssätzen.

11.1.1 Konsolidierung der Cashflows der Investitionsrechnung

Die Konsolidierung der Cashflows ist im Bild weiter unten dargestellt mit folgenden Parametern bzw. Details:

- Konsolidierung nach Kategorie

    a. sowohl bezüglich der Zeilen - für gleiche Monate soll aufsummiert werden

    b. als auch bezüglich der Spalten – die Spalten mit der Überschrift „Cashflow" folgen nicht immer auf der Monats-Spalte

    c. unter Auswahl der Kategorien, genauer: Spalte „Cashflow", siehe Kapitel 8.4.4.

- und mit „Verknüpfung mit Quelldaten", da die Investitionsrechnung nicht Bestandteil des externen Rechnungswesens (Bilanz) ist und Änderungen erfahren kann.

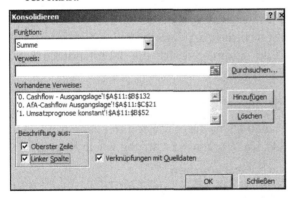

Abb. 179 Konsolidierung der Cashflows im Rahmen der Investitionsrechnung

Diese Einstellungen machen von allen Konsolidierungs-Parametern gebrauch. Wichtig ist auch die Verweise als in sich geschlossene Datenbereiche anzugeben, einzelne Spalten werden von der Konsolidierung nicht akzeptiert. Die benötigten Spalten werden mittels der Auswahl von Kategorie selektiert (vgl. Punkt. c.).

---

56 Der Umsatz-Cashflow sollte die Investition profitabel machen! Ansonsten handelt es sich um einen Verlust, den man am negativen Barwert GKM erkennen kann.

Das Ergebnis der Konsolidierung ist im folgenden Bild dargestellt:

	11	Monat		Cashflow
+	13	0		60.000,00 €
+	15	1		-312,50 €
+	17	2		-312,50 €
+	20	3		2.187,50 €
+	22	4		-312,50 €
+	24	5		-312,50 €
+	27	6		2.187,50 €
+	29	7		-312,50 €
+	31	8		-312,50 €
+	34	9		2.187,50 €
+	36	10		-312,50 €
+	38	11		-312,50 €
·	39		Buch 10.1 Cashflow Umsatzprognose	-312,50 €
·	40		Buch 10.1 Cashflow Umsatzprognose	1.350,00 €
·	41		Buch 10.1 Cashflow Umsatzprognose	2.500,00 €
–	42	12		3.537,50 €

Abb. 180 Konsolidierter Cashflow der Investition

Man erkennt folgende Bestandteile:

- Der Darlehensbetrag beträgt 60.000,- EUR und fließt heute, d.h. im 0. Monat (Zeile 13).
- Die regelmäßigen Darlehensraten von -312,50 EUR bilden das Grundgerüst für den Cashflow, diese Beträge fallen zu jedem Zeitpunkt an (außer heute, Monat 0) – Zeilen 15, 17, etc.
- Die Umsatzprognose macht sich alle 3 Monate positiv um 2.500,- EUR bemerkbar (im Bild mit dem Mauszeiger markiert).
- Alle 12 Monate wirkt sich die AfA-Gutschrift des Finanzamtes aus – im markierten Bereich im Bild summieren sich die 3 Bestandteile auf 3.573,50 EUR (Zeile 42 bzw. 39, 40 und 41).

11.1.2 Barwert GKM der Investition

Den Cashflow bewertet man als nächstes anhand der Zinsstrukturkurve am Geld- und Kapitalmarkt (GKM). Das Vorgehen ist analog wie in Kapitel 7.2:

1) Zinsstrukturkurve nach Excel kopieren.
2) Jedem Betrag im Cashflow abhängig von der Laufzeit den GKM-Zinssatz zuordnen (SVerweis).
3) Die Beträge mit den jeweiligen GKM-Zinssätzen abzinsen und die Summe der Barwerte bilden.
4) Technik: Wegen der Gruppierung tauchen die ursprünglichen Beträge gleich doppelt in der Summe von Punkt 3 aus, daher muss man

   a. die Summe der ursprünglichen Beträge bilden und
   b. diese von der Barwertsumme aus Punkt 3. abziehen.

11.1.2.1 Barwert GKM der Investition: Zinsstrukturkurve

Für die Wahl der Zinsstrukturkurve sei an dieser Stelle auf Kapitel 7.4 verwiesen. Wie in Kapitel 7 arbeiten wir mit folgender Zinsstrukturkurve (siehe [ZSTR]) weiter:

Jahr	1	2	3	4	5	6	7	8	9	10
Zinszahl	1,39	1,61	1,83	2,06	2,27	2,48	2,67	2,85	3,01	3,16

Abb. 181 Die Zinsstrukturkurve

Diese Zinsstrukturkurve gilt es nach Excel zu übernehmen und für die Verwendung für SVerweis tauglich zu machen.

11.1.2.2 Barwert GKM der Investition: Zuordnung GKM-Zinssatz

Die obige Zinsstrukturkurve wurde in den Spalten G bis J in den folgenden wesentlichen Aspekten erweitert:

1. In der ersten Spalte G wurden die Monate als Jahresintervalle angegeben. Damit ist der Zugriff über SVerweis „Beste Approximation" möglich.
2. In der Spalte J wurden die eigentlichen Zinssätze errechnet:

$$\text{Zinssatz} = \text{Zinszahl} / 100$$

3. Zu guter Letzt dann die Null-Zeile der Zinsstrukturkurve hinzufügen, damit der Monat Null von SVerweis richtig bearbeitet wird (vgl. Kapitel 6.2.1)

Mit diesen Vorbereitungen ist der Aufruf von SVerweis wie folgt möglich:

		A	B	C	D	E	F	G	H	I	J	
								Intervall	Jahr	Zinszahl	Zinssatz	
	11	Monat		Cashflow	Zinssatz GKM			Monate				
	12		Bu	60.000,00 €	=SVERWEIS(A12;$G$12:$J$22;4;1)			0	0	0	0,00%	
	13	0		60.000,00 €	0,00%			1	1	1,39	1,39%	
	14		Bu	-312,50 €	0,00%			13	2	1,61	1,61%	
	15	1		-312,50 €	1,39%			25	3	1,83	1,83%	
	16		Bu	-312,50 €	0,00%			37	4	2,06	2,06%	
	17	2		-312,50 €	1,39%			49	5	2,27	2,27%	
	18		Bu	-312,50 €	0,00%			61	6	2,48	2,48%	
	19		Bu	2.500,00 €	0,00%			73	7	2,67	2,67%	
	20	3		2.187,50 €	1,39%			85	8	2,85	2,85%	
	21		Bu	-312,50 €	0,00%			97	9	3,01	3,01%	
	22	4		-312,50 €	1,39%			109	10	3,16	3,16%	
	23		Bu	-312,50 €	0,00%							
	24	5		-312,50 €	1,39%							

Abb. 182 Investitions-Cashflow mit laufzeitabhängigen GKM-Zinssätzen versehen

Die Zelle D12 enthält beispielhaft die SVerweis-Formel (dargestellt via Graphisches Editieren von Formeln: F2-Taste, Kapitel 2.2.2). Die Ecken der Matrix von SVerweis (zweiter Parameter) sind im Bild mit jeweils einem Pfeil gekennzeichnet.

Um die SVerweis Formel fortzuschreiben, muss man den Zielbereich für SVerweis – unser konsolidierter Cashflow – vollständig aufklappen, damit alle Einträge die Formel erhalten. Das Aufklappen erreicht man durch Anklicken der Aufrissebene

2, Knopf ⌊2⌋ am linken oberen Rand. Nach dem Aufklappen des Cashflow-Bereichs erfolgt die Fortschreibung der SVerweis-Formel aus D12.

11.1.2.3 Barwert GKM der Investition: Summe der GKM-Barwerte

Mit der zeitabhängigen Zuordnung der Zinssätze zu den Beträgen des Cashflows ist man nun in der Lage, die Barwerte ausrechnen zu lassen:

1 2	⊿	A	B	C	D	E	F
	11	Monat		Cashflow	Zinssatz GKM	Barwert GKM	
⌐ ·	12		Bι	60.000,00 €	0,00%	60.000,00 €	
−	13	0		60.000,00 €	0,00%	=C13/(1+D13)^(A13/12)	
⌐ ·	14		Bι	-312,50 €	0,00%	- 312,50 €	
−	15	1		-312,50 €	1,39%	- 312,14 €	

Abb. 183 Barwert des Investitions-Cashflows

Im obigen Bild ist beispielhaft in der Zelle E13 die Barwertformel via Graphisches Editieren von Formeln: F2-Taste (Kapitel 2.2.2) dargestellt. Wie im vorigen Abschnitt die Gruppierung auf Aufrissebene 2 öffnen und die Formel fortschreiben. Summiert man die so entstandene Spalte der Barwerte auf so ergibt folgendes Bild:

1 2	⊿	A	B	C	D	E
	11	Monat		Cashflow	Zinssatz GKM	Barwert GKM
⌐ ·	296		Bι	-312,50 €	0,00%	- 312,50 €
−	297	118		-312,50 €	3,16%	- 230,14 €
⌐ ·	298		Bι	-312,50 €	0,00%	- 312,50 €
−	299	119		-312,50 €	3,16%	- 229,54 €
⌐ ·	300		Bι	-52.443,65 €	0,00%	- 52.443,65 €
·	301		Bι	1.350,00 €	0,00%	1.350,00 €
·	302		Bι	2.500,00 €	0,00%	2.500,00 €
−	303	120		-48.593,65 €	3,16%	- 35.601,33 €
	304					
	305					172.267,69 €

Abb. 184 Summe GKM-Barwerte der Investition

Mit den Pfeilen sind in der Barwert-Spalte die zusätzlichen Werte gekennzeichnet, die wegen der Konsolidierung mit Bezug zu den Quellzellen hinzugekommen sind. Diese werden im nächsten Schritt herausgerechnet.

11.1.2.4 Barwert GKM der Investition: Das Ergebnis

Um die störenden Beträge des ursprünglichen Cashflows aus der Summe der Barwerte herauszurechnen, muss man die Summe über die Cashflow-Spalte bilden und diese anschließend von der Barwert-Summe abziehen. Zunächst wie im folgenden Bild die Gleichwertigkeit dieser Summen feststellen:

• Die Auto-Summe über die Cashflow-Spalte C bilden

- Und diese Summe mit der F2-Methode aus Kapitel 2.2.2 darstellen.

11	Monat	Cashflow	Zinssatz GKM	Barwert GKM
296		Bι -312,50 €	0,00% -	312,50 €
297	118	-312,50 €	3,16% -	230,14 €
298		Bι -312,50 €	0,00% -	312,50 €
299	119	-312,50 €	3,16% -	229,54 €
300		Bι -52.443,65 €	0,00% -	52.443,65 €
301		Bι 1.350,00 €	0,00%	1.350,00 €
302		Bι 2.500,00 €	0,00%	2.500,00 €
303	120	-48.593,65 €	3,16% -	35.601,33 €
304				

Abb. 185 Die richtigen Werte sind markiert, die anderen stören

Man stellt fest, dass die Summe der markierten Werte in der „Cashflow"-Spalte die Summe der Spalte „Barwert GKM" verfälscht – in dieser Spalte möchte man nur die Summe der Barwerte ausweisen. Daher wird die „Cashflow"-Summe von der Summe der Beträge der Spalte E abgezogen. Die Summe der GKM-Barwerte ist im nächsten Bild in der Zelle E306 dargestellt:

E306	▾	f_x	=E305-C305	

11	Monat	Cashflow	Zinssatz GKM	Barwert GKM
301		Bι 1.350,00 €	0,00%	1.350,00 €
302		Bι 2.500,00 €	0,00%	2.500,00 €
303	120	-48.593,65 €	3,16% -	35.601,33 €
304				
305		83.868,85 €		172.267,69 €
306			Barwert GKM:	88.398,84 €

Abb. 186 Summe Cashflow als Korrekturgröße abgezogen

Das Ergebnis unserer bisherigen Rechnungen lautet: Der GKM-Barwert der Investition beträgt 88.398,84 EUR. Die von der Investition generierten Cashflows haben somit einen Wert am Geld- und Kapitalmarkt von 88.398,84 EUR.

11.2 Szenario-Analyse der Umsatzprognosen und Nominalzinssatz

Wie zu Beginn des Kapitels festgestellt, ist der Umsatz-Cashflow mit Unsicherheiten behaftet. Die drängenden Fragen waren:

- Wie wirken sich selbst kleine Schwankungen des Umsatz-Cashflows auf den Investitions-Barwert (GKM) aus?
- Wie gravierend sind diese Schwankungen des Investitions-Barwertes im Vergleich zu z.B. Schwankungen des Nominalzinssatzes des Darlehens?

In diesem Abschnitt wird die Szenario-Analyse aufgesetzt, um diese Fragen zu beantworten.

Eine Bemerkung vorab zur Anwendung der Szenario-Analyse: Der Nominalzinssatz ist auf dem Blatt zur Darlehenskalkulation untergebracht (da gehört er auch hin ...), das Marktvolumen auf dem Blatt zur Umsatzprognose. Mit der eigentlichen Szenario-Analyse kommt man an dieser Stelle somit nicht weiter, der Szenario-Manager verlangt, dass alle Daten auf dem selben Excel-Blatt vorliegen. Abhilfe: Excel-Engineering in Richtung Steuerpult, im Einzelnen die Schritte (vgl. auch die Beschreibung der Technik in Kapitel 10.3.2)

- Auf dem eigenen Excel-Blatt „Steuerpult" das geschätzte Marktvolumen anlegen und darauf im Blatt „Umsatzprognose" bezugnehmen, in Excel-Formeln:

  '1. Umsatzprognose'!B1 = '4. Steuerpult'!B4 (siehe Bild weiter unten)
- Im Steuerpult-Blatt eine Zelle für den Nominalzinssatz des Darlehens anlegen und im Blatt zur Darlehenskalkulation darauf Bezug nehmen:

  '0. Darlehen'!B2 = '4. Steuerpult'!B5 (siehe Bild weiter unten)
- Im Steuerpult-Blatt eine Zelle B8 für den Barwert der Investition vorsehen und den Wert aus dem entsprechenden Excel-Blatt via Formel übernehmen:

  '4. Steuerpult'!B8 = '3. Cashflow Konsolidiert Barw.'!E306

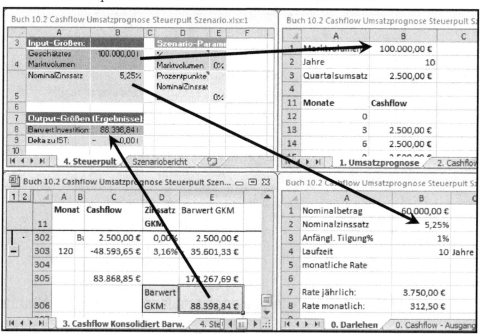

Abb. 187 Steuerpult für die Szenario-Analyse: Struktur und Aufbau

Die Zelle B9 „Delta zu IST" enthält als Formel "=B8 − 88.398,84". Der Betrag von 88.398,84 EUR ist somit „hart verdrahtet", d.h. wir untersuchen die Schwankungen mit Bezugspunkt dem aktuellen Investitionsbarwert.

Damit ist das Grundgerüst des Steuerpult-Blattes erstellt. Um die Analyse-Parameter mit ±1% angeben zu können[57], wird noch eine kleine Anpassung der Zellen B4 und B5 vorgenommen: Die Schwankungen werden in den Zellen E4 bzw. E5 extra angegeben und fließen als multiplikativer Faktor „1+<SchwankungUmsatz>" in die Zelle B4 bzw. B5 ein; im nächsten Bild ist dies beispielhaft für das geschätzte Markvolumen dargestellt:

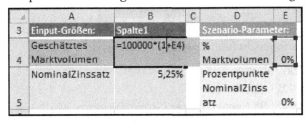

Abb. 188 Eingangs-Parameter für die Szenario-Analyse

Die Eingabeparameter für die Szenarien stehen somit fest:

- Die Schwankung des Markvolumens „% Marktvolumen", Zelle E4
- Die Schwankung des Nominalzinssatzes „Prozentpunkte NominalZinssatz", Zelle E5.

Die Szenarien in der Übersicht:

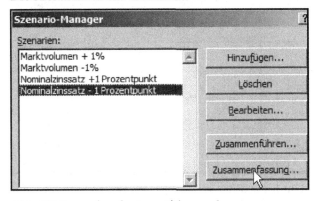

Abb. 189 Szenarien der Investitionsrechnung

Die Szenario-Analyse wurde für die folgenden Ergebniszellen aufgesetzt:

- Der absolute Investitionsbarwert "Barwert Investition", Zelle E8, sowie
- Der relative Investitionsbarwert (bezogen auf den Zustand keine Schwankungen), "Delta zu IST", Zelle E9.

Zusätzlich zu diesen Zellen sind die absoluten Parameter „geschätztes Marktvolumen" B4 und „NominalZinssatz" B5 interessant. Fordert man nun über den Knopf „Zusammenfassung" den Szenario-Bericht an und trägt die Ergebniszellen wie folgt ein

---

57 ... nicht per Hand in den Szenario-Manager bei der Erfassung der Szenarien eintragen

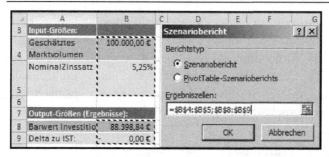

Abb. 190 Aufruf Szenariobericht inkl. Eingangs-Zellen

1. "Geschätztes Marktvolumen" B4 (nice-to-have),
2. NominalZinssatz" B5 (nice-to-have),
3. "Barwert Investition" B8 (wegen dieser Größe die ganze Mühe)
4. "Delta zu IST" B9, die relative Schwankung des Barwertes

sieht die Szenario-Analyse wie im folgenden Bild aus. In der Spalte „Aktuelle Werte:" (2. von links) sind die vorliegenden Werte ohne Szenario-Analyse als Referenz dargestellt. Die weiteren Spalten zeigen die veränderten Werte (grau hinterlegt) sowie die Auswirkungen auf die Ergebniszellen an.

Szenariobericht	Aktuelle Werte:	Marktvolumen + 1%	Marktvolumen -1%	Nominalzinssatz +1 Prozentpunkt	Nominalzinssatz - 1 Prozentpunkt
Veränderbare Zellen:					
Marktvolumen	0%	1%	-1%	0%	0%
Prozentpunkte__ NominalZinssatz	0%	0%	0%	1%	-1%
Ergebniszellen:					
Geschätztes_Marktvolumen	100.000,00 €	101.000,00 €	99.000,00 €	100.000,00 €	100.000,00 €
NominalZinssatz	5,25%	5,25%	5,25%	6,25%	4,25%
Barwert_Investition	88.398,84 €	89.277,18 €	87.520,50 €	83.439,23 €	93.379,52 €
Delta_zu_IST	- 0,00 €	878,34 €	- 878,34 €	- 4.959,61 €	4.980,68 €

Abb. 191 Szenariobericht Investitionsrechnung

11.3 Interpretation der Ergebnisse

Berechnet wurde ein Investitionsbarwert von 88.398,48 EUR – diesem Wert liegen die Darlehenskalkulation zu realistischen Konditionen sowie die Zinsstrukturkurve lt. [ZSTR] zu Grunde. Der gesamte Investitions-Cashflow ist somit am Geld- und Kapitalmarkt 88.398,48 EUR wert, d.h. die betrachtete Investition kann keinen größeren Gewinn als diesen Betrag erzielen[58].

---

58 Ausnahmeerscheinungen (wie z.B. nach 10 Jahren findet sich ein Liebhaber der Produktionsmaschine und zahlt dafür einen überproportionalen Betrag) bleiben hier nicht berücksichtigt.

Wie stabil ist dieser Betrag? Verschätzt man sich in der Prognose des Marktvolumens um ±1% so macht man einen monetären Fehler von ±878,34 EUR. Diese Beziehung kann man als Faustformel verwenden, um auch andere Abweichungen vom prognostizierten Marktvolumen (z.B. 0,5% oder 2%) zu überschlagen.

Wie groß oder klein sind die Schwankungen des Investitionsbarwertes in Abhängigkeit vom Marktvolumen? Überspitzt formuliert: Soll/kann/darf man mit ±878,34 EUR pro ±1% Umsatzschwankung gut schlafen oder sollte man sich Sorgen machen? Vergleicht man die Schwankungen des Investitions-Barwertes resultierend aus den Schwankungen des Darlehen-Nominalzinssatzes um ±1 Prozentpunkt, so stellt man fest, dass die letzteren um -4.959,61 EUR bzw. 4.980,68 EUR betragen, somit deutlich größer sind.

Abschließend würde man die betrachtete Investition in einem „Schönheitswettbewerb" mit anderen Investitionen *auch* hinsichtlich des Investitions-Barwertes vergleichen (nicht nur bezüglich des Prädikats „strategisch" – so manche wirtschaftlich nicht tragfähige Investition wird mit dem „strategisch"-Mantel bedeckt, da die Zahlen nicht passen …).

Und vor allem: Mit der Bank zu verhandeln lohnt sich, der Barwert der Investition ist sehr empfindlich bzgl. des Nominalzinssatzes der Finanzierung.

11.3.1 Übersicht der getroffenen Vereinfachungen

Das verwendete Modell ist offenbar sehr minimalistisch: Sonstige Kosten (de facto: die gesamte Kosten und Leistungsrechnung) sind in die Betrachtung nicht eingeflossen. Die Umsatzprognose selbst ist mit der konstanten Verteilung über die Zeit ebenfalls sehr einfach gehalten. Realistischer dürfte folgender Aufbau sein:

* Beginn mit einem Sockel-Umsatz, der Umsatz im ersten Jahr
* Steigerung des Umsatzes bis zu einer oberen Schranke (Sättigung, Markt kann nicht mehr aufnehmen bzw. Produktion ist am Limit)
* und Beibehaltung des Sättigungs-Niveaus.

Weitere Details wie z.B. periodische Zyklen einzelner Branchen müssten ggf. auch einbezogen werden.

Folgende Vereinfachungen der vorherigen Kapitel wurden ebenfalls übernommen: Die Interpolation der GKM-Zinsstrukturkurve wurde außer Acht gelassen, vgl. Kapitel 7.5; generell ist auch die Wahl der richtigen Zinsstrukturkurve wichtig, vgl. Diskussion in Kapitel 7.5.

11.4 Fehlerquellen und Hilfe im Fehlerfall

Wie auch in den vorangegangenen Kapiteln vgl. auch [ZM] für praktische Beispiele. Da in dieses Kapitel alle bisherigen Methoden und Vorgehensweisen einfließen, umfasst die Fehlerquelle dazu alle Fehlerquellen der vorigen Kapitel, sowohl Excel (gerade Kapitelnummern) als auch Finanzierung (ungerade Kapitelnummern). Ein detailliertes Eingehen auf alle Fehlerquellen wäre redundant und würde diesen Abschnitt sprengen, daher nur eine Auflistung aller möglichen Fehler mit entsprechenden Verweisen:

- Zu Kapitel 11.1: Mögliche Stolpersteine resultieren aus den elementaren Techniken Kapitel 7.5, d.h. Fortschreiben von Zellen, etc. Die Zeitachse wurde auf monatlicher Basis gesetzt (statt z.B. Quartale), um den gleichen Maßstab für die Konsolidierung zu haben.
- Zu Kapitel 11.1.1: Die Konsolidierung (Kapitel 8) steht hier im Mittelpunkt, daher stammen die meisten Fehlerquellen aus diesem Bereich, siehe Kapitel 8.6. Ein spezielles Augenmerk gilt der Konsolidierung nach Kategorien (Zeilen und Spalten) sowie der expliziten Auswahl der Kategorien (Vorab-Eintragen der gewünschten Spalten).
- Zu Kapitel 11.1.2:
  a. Die Zinsstrukturkurve muss ggf. angepasst werden (Zinssätze werden gebraucht, ggf. die Zinszahlen nach Zinssätzen umrechnen), Copy-and-Paste, ggf. unter Verwendung der Transposition (Kapitel 2.1.2), muss beherrscht werden.
  b. Für SVerweis unter Verwendung der approximativen Suche ist ein eigenes Excel-Engineering erforderlich. Im vorliegenden Fall muss die Darstellung der Zinsstrukturkurve angepasst werden, um mit dem Monat als Schlüssel approximativ via SVerweis suchen zu können. Bzgl. SVerweis gilt Kapitel 6.10 entsprechend.
  c. Für das Abzinsen der Cashflow-Beträge gilt: Das Formelwerk ist wie in Kapitel 5.4.
  d. Für die Fortschreibung von Zellen im Zusammenhang mit Gruppierungen gilt: Die Gruppierung muss vollständig aufgeklappt sein, um alle Zellen zu berücksichtigen; auch muss man sicherstellen, dass der Anfang und das Ende der Gruppierung richtig erfasst wurden.
  e. Die Summation der Barwerte in einer Gruppierung muss ggf. korrigiert werden: Da die Barwerte der Detail-Gruppierungs-Ebene ⌐3⌐ auch die ursprünglichen Zahlen aufweisen, muss die Barwert-Summe um die Summe der Cashflows bereinigt werden, siehe Kapitel 9.3.1.

11.5 Übungsaufgaben

1. Arbeiten Sie die Excel-Dateien (Download unter [ZM]) zum Kapitel durch, und zwar:
   a. Aus dem Verzeichnis *ExcelDateienBuch* die Dateien zum Buch
   b. Aus dem Verzeichnis *Fehlerbewältigung* die Dateien zu den Fehler-Quellen
   c. Aus dem Verzeichnis *Uebungen* die Übungsaufgaben.

12 Teilergebnis

Lernziele: 1. Summen nach einem Merkmal bilden

2. Aufriss-Reporting

3. Aggregation nach mehreren Merkmalen

12.1 Motivation Teilergebnis

In der einfachsten Ausprägung wird das Teilergebnis für die Summation von Zahlen zu einem vorgegebenen Merkmal eingesetzt, es können aber alle Funktionen aus Kapitel 8.3.2 verwendet werden. Wiederholte Aufrufe vom Teilergebnis ermöglichen auch die Summation nach einer Hierarchie von Merkmalen.

Die Funktion Teilergebnis ist die Vorstufe für die Pivot-Tabellen (Anhang I), Excels Reporting-Werkzeug.

Als Beispiel für das Teilergebnis wird folgende Umsatz-Übersicht (Belege) als Datenbasis verwendet (im Bild sind nur die ersten Zeilen auszugsweise dargestellt):

	A	B	C	D
1	Quartal	Filiale	Produkt	Umsatz
2	Q2	Köln	Reisekoffer	180,00 €
3	Q4	Köln	Herrenschuhe	96,00 €
4	Q1	Köln	Damenschuhe	125,00 €
5	Q2	Berlin	Herrenhemd	80,00 €

Abb. 192 Datenbasis Umsatz

Die Merkmale dieser Datenbasis sind die Spalten Quartal, Filiale und Produkt. Der Umsatz ist in diesem Fall die einzige Kennzahl. Ein paar interessante Fragen dazu sind:

1. Welcher Umsatz wurde pro Quartal erzielt?
2. Welcher Umsatz wurde pro Filiale erzielt?

Komplexere Aufgabenstellungen in diesem Zusammenhang lauten:

3. Aufgliederung des Quartals-Umsatzes auf Filialebene.
4. Durchschnittlicher Umsatz pro Quartal, bzw. aufgegliedert innerhalb eines Quartals nach Filiale.

Die Bearbeitung der Umsatz-Übersicht, um die obigen Fragen zu beantworten wird mit der Funktion Teilergebnis realisiert – Teilergebnis aggregiert (z.B. Summe) pro Merkmal mehrere Kennzahlen. Als Voraussetzung dafür muss man nach den betreffenden Merkmalen die Datenbasis sortieren. Das Beispiel aus Punkt 1

wird im folgenden Schritt für Schritt erläutert, das Beispiel aus Punkt 3. als weiter-
führende Technik.

12.2 Aufruf von Teilergebnis

Um Teilergebnis sinnvoll einzusetzen, muss sichergestellt werden, dass die Daten
nach dem zu summierenden Merkmal sortiert sind. Die Reihenfolge – ob auf- oder
absteigend – ist in diesem Zusammenhang nicht wichtig.

12.2.1 Sortieren nach Merkmal

Als Voraussetzung für das Teilergebnis muss nach dem zu summierenden Merkmal sortiert werden. In Excel 2007 Menü ist das Sortieren von Daten zu finden
unter Daten → (Gruppe Sortieren und Filtern) → Sortieren

Abb. 193 Sortieren im Excel 2007 Menü

Um die Sortierung anzuwenden, muss man vor dem Aufruf entweder die zu sor-
tierenden Daten markiert haben oder sich in den entsprechenden Datenbereich positionieren – Excel erkennt den Datenbereich automatisch (vgl. Kapitel 2.1). Der
Aufruf der Sortierung ist selbst erklärend:

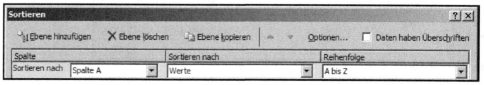

Abb. 194 Aufruf Sortierung

Als einzigen Stolperstein muss man das Häkchen „Daten haben Überschriften"
beachten: Ist dieses Häkchen gesetzt, so nimmt Excel an, dass die erste Zeile der
markierten Daten Spaltenüberschriften enthält und schließt diese von der Sortierung aus. Ist das Häkchen nicht gesetzt, so werden alle Zeilen sortiert.

12.2.2 Aufruf Teilergebnis: Parameter

Auch für die eigentliche Ausführung von Teilergebnis muss der Datenbereich markiert werden, welcher von Teilergebnis aggregiert werden soll. Positioniert man
den Zeiger in einen Datenbereich, so erkennt Teilergebnis automatisch diesen Datenbereich, wie für die Sortierung weiter oben und den meisten Excel-Funktionen.

Den Aufruf von Teilergebnis findet man in Excel-2007 unter

Daten → (Gruppe Gliederung) → Teilergebnis

wie im folgenden Bild links:

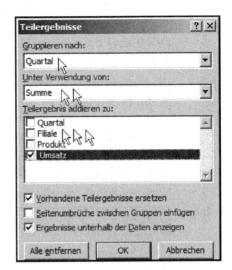

Abb. 195 Teilergebnis im Excel 2007 Menü   **Abb. 196 Aufruf Teilergebnis**

Im rechten Bild erscheint das Teilergebnis-Fenster mit allen Eingabeparametern:

- „Gruppieren nach:" (mit 1 Pfeilspitze markiert): Die Spalte wonach die Gruppierung (z.B. Summe) gebildet werden soll. In der Fenster-Auswahl ▼ kann man aus allen Spalten des Datenbereichs wählen.
  Im Beispiel ist das Quartal ausgewählt.
- „Unter Verwendung von:" (mit 2 Pfeilspitzen markiert): Die mathematische Funktion, um die Daten zusammenzufassen. Es sind immer die gleichen Funktionen möglich wie im entsprechenden Abschnitt zur Konsolidierung, Kapitel 8.3.2.
  Im Beispiel ist die Summe ausgewählt, dies ist auch die Vorbelegung.
- „Teilergebnis addieren zu:" (mit 3 Pfeilspitzen markiert): Hier werden die Kennzahlen angekreuzt, welche zusammengefasst werden sollen. Für das Kriterium aus Punkt 1. können beliebig viele Kennzahlen gleichzeitig zusammengefasst werden.
  Im Beispiel ist der Umsatz angekreuzt – alle Umsatzzahlen werden pro Quartal aufsummiert.
- „Vorhandene Teilergebnisse ersetzen": Dieses Häkchen räumt erst mit bereits vorhandenen Teilergebnissen auf. Für das erstmalige Anlegen eines Teilergebnisses spielt dieser Parameter keine Rolle.
- „Seitenumbrüche zwischen Gruppen einfügen": Das Häkchen ist nur für das Ausdrucken des Excel-Blattes relevant.
- „Ergebnisse unterhalb der Daten anzeigen": „Teilergebnis" bestückt das vorhandene Datenmaterial mit den gewünschten Summen. Diese neuen Datensätze können entweder oberhalb (vorliegende Häkchen leer) oder unterhalb (vor-

liegendes Häkchen gesetzt) des summierten Bereichs von Teilergebnis angelegt werden.

Damit sind die wichtigsten Parameter eingetragen und man kann den Knopf OK drücken, um Teilergebnis auszuführen.

Die beiden anderen Druckknöpfe „Abbrechen" und „Alle entfernen" haben folgende Bedeutung: Der erste bricht „Teilergebnis" ab, ohne überhaupt eine Änderung vorzunehmen. Die 2. Drucktaste entfernt erst alle Zeilen im Datenbereich, die von bereits ausgeführten Teilergebnissen produziert wurden.

12.2.3 Interpretation des Ergebnisses

Nach Ausführen von Teilergebnis erhält man folgendes Bild:

1 2 3	⊿	A	B	C	D
	1	Quartal	Filiale	Produkt	Umsatz
·	2	Q1	Köln	Damenschuhe	125,00 €
·	3	Q1	Köln	Reisekoffer	100,00 €
·	4	Q1	Stuttgart	Herrenhemd	80,00 €
−	5	Q1 Ergebnis			305,00 €
·	6	Q2	Berlin	Herrenhemd	80,00 €

Abb. 197 Teilergebnis mit Aufriss-Reporting

Dies ist die Gesamtansicht aller ursprünglichen Daten samt eingefügten Teilergebnis-Zeilen (z.B. Zeile 4 im Bild oben). An der linken Seite erkennt man die Gruppierungen wie in Kapitel 8.3.1 beschrieben. Das Reporting ist damit klar: Ein Klick auf ▣1 (im Bild mit einem Pfeil markiert) kollabiert alle Zeilen auf die Gesamtergebnis-Sicht:

1 2 3	⊿	A	B	C	D
	1	Quartal	Filiale	Produkt	Umsatz
+	38	Gesamtergebnis			6.117,00 €

Abb. 198 Aufriss-Reporting: Oberste Ebene

Die Summe aller Umsätze (unabhängig von Quartalen) beträgt 6.117,00 EUR. Die gesuchte Sicht pro Quartal klappt man aus obigem Bild durch Drücken der 2. Aufriss-Ebene ▣2 (Mauszeiger wie im Bild) auf:

1 2 3	⊿	A	B	C	D
	1	Quartal	Filiale	Produkt	Umsatz
+	5	Q1 Ergebnis			305,00 €
+	16	Q2 Ergebnis			1.491,00 €
+	27	Q3 Ergebnis			2.015,00 €
+	37	Q4 Ergebnis			2.306,00 €
−	38	Gesamtergebnis			6.117,00 €

Abb. 199Aufriss-Reporting: Kennzahlen pro Quartal

In den Zeilen 5, 16, 27 und 37 werden die Umsätze pro Quartal ausgewiesen. Interessiert man sich für die Zusammensetzung der einzelnen Quartalszahlen, so bietet

sich an, die entsprechenden ⊞-Knöpfe zu betätigen, im nächsten Bild beispielhaft für das erste Quartal:

		A	B	C	D
	1	Quartal	Filiale	Produkt	Umsatz
•	2	Q1	Köln	Damenschuhe	125,00 €
•	3	Q1	Köln	Reisekoffer	100,00 €
•	4	Q1	Stuttgart	Herrenhemd	80,00 €
	5	Q1 Ergebnis			305,00 €
+	16	Q2 Ergebnis			1.491,00 €
+	27	Q3 Ergebnis			2.015,00 €
+	37	Q4 Ergebnis			2.306,00 €
−	38	Gesamtergebnis			6.117,00 €

Abb. 200 Aufriss-Reporting Detail Datensätze

Das Drücken der entsprechenden ⊟-Knöpfe kollabiert die Detail-Zeilen.

Die letzte Stufe ③ im obigen Aufriss-Reporting blendet erwartungsgemäß alle Zeilen ein.

12.2.4 Funktionsweise (Algorithmus) Teilergebnis

Der Teilergebnis-Algorithmus ist sehr einfach – zur Erinnerung: Die Daten werden von Teilergebnis nach dem zusammenzufassenden Merkmal sortiert erwartet:

- Laufe die Zeilen nach dem Merkmal durch, wonach zusammenzufassen ist, und zwar solange, bis ein Wertunterschied festgestellt ist. Der Wertunterschied bezieht sich dabei auf die Werte der letzten und aktuellen Zeile; weichen die Werte dieser Zellen voneinander ab, so hat man einen Wertunterschied vorliegen. Für all die durchlaufenen Zeilen summiere[59] die angegebenen Kennzahlen.
  → Im Beispiel oben wird nach dem Merkmal „Quartal" durchgelaufen, und zwar solange der erste Wert Q1 in der aktuellen und vorhergehenden Zelle vorkommt. Aufsummiert werden dabei die Werte in der Spalte „Umsatz".
  Wird ein Wertunterschied festgestellt, so:

a. Füge eine neue Zeile ein

b. schreibe die Summe[60] der Kennzahlen in die neuen Zeile in der jeweiligen Spalte

---

59 Eigentlich: Wende die Funktion für das Zusammenfassen der Kennzahlen an, z.B. Summe, Anzahl, etc., siehe Kapitel 12.2.2 Aufruf Teilergebnis: Parameter, Seite 170, speziell Parameter „Unter Verwendung von:". Um den Algorithmus nicht unnötig aufzublähen, wird einfach die Summe betrachtet.

60 Technisch verwendet Excel eine eigene Funktion: TEILERGEBNIS

→ Im Beispiel wird nach Auslaufen von Q1 in der Spalte „Quartal" die auf-gelaufene Summe in die Spalte „Umsatz" eingetragen.

- Für den neuen Wert in der Spalte mit dem aufzusummierenden Merkmal wie-derhole den obigen Schritt samt Teilschritte a. und b.

→ Im Beispiel würde nach Q1 der Wert Q2 folgen, wofür lt. Schritt 1. dieser Wert durchlaufen wird, solange keine Wertänderung vorliegt, etc.

Dadurch, dass Excel die Daten nach dem Merkmal sortiert einfordert, braucht Teil-ergebnis nur einmal die Daten durchzulaufen. Daher darf man nicht vergessen, das Datenmaterial vor dem Aufruf nach dem relevanten Merkmal zu sortieren.

12.3 Fortgeschrittene Techniken Teilergebnis

12.3.1 Teilergebnisse entfernen

Die von „Teilergebnis" generierte Aufriss-Struktur (Gruppierung) kann man ma-nuell nur mühselig und fehlerhaft entfernen; dies ist den vielen Gruppierungsebe-nen geschuldet. Teilergebnis bietet einen eigenen Knopf an, um vorhandene Auf-riss-Strukturen zu entfernen – dies ist der Knopf „Alle entfernen" links unten im folgenden Bild (mit einem Pfeil markiert):

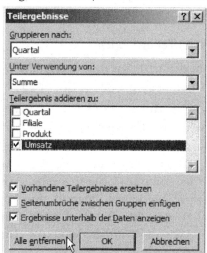

Abb. 201 Teilergebnis Parameter

Für das Entfernen vorhandener Teilergebnisse braucht man keine weiteren Para-meter einzutragen, die angekreuzten Boxen für „Ergebnisse unterhalb der Daten anzeigen", „Vorhandene Teilergebnisse ersetzen", etc. sind somit belanglos.

12.3.2 Teilergebnis nach mehreren Merkmalen bilden

Hat man das Teilergebnis nach dem Merkmal „Quartal" gebildet, so kann man die entstandene Übersicht pro Filiale verfeinern. Die Voraussetzung dafür ist im ersten

Schritt des Teilergebnis-Aufrufs in Kapitel 12.2.1, nach den Merkmalen Quartal (Spalte A) und Filiale (Spalte B) in dieser Reihenfolge zu sortieren:

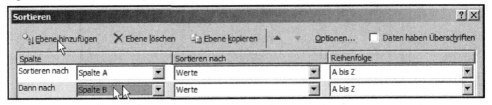

Abb. 202 Sortieren nach mehreren Merkmalen

Aufbauend auf das Ergebnis des vorigen Abschnitts erfolgt der Aufruf von Teilergebnis nach dem Merkmal „Filiale" wie folgt (siehe nächstes Bild):

1. Als Kriterium „Gruppieren nach:" das Merkmal Filiale auswählen (mit 1 im Bild Mauszeiger markiert).
2. Sicherstellen, dass die Check-Box „Vorhandene Teilergebnisse ersetzen" nicht angekreuzt ist (siehe Markierung mit 2 Mauszeigern im Bild).
3. Dieser Schritt ist unbedingt zu beachten, anderenfalls würde das vorhandene Teilergebnis überschrieben werden.
4. Die aufzusummierenden Spalten ankreuzen, im Bild bleibt es beim Umsatz.
5. Abschließend die Drucktaste OK bestätigen.

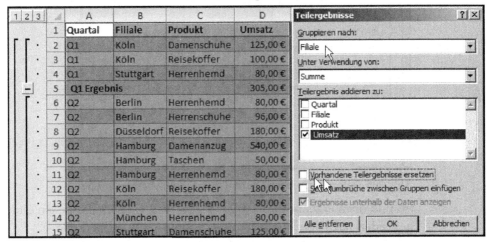

Abb. 203 Teilergebnis nach Filiale aufbauend auf Teilergebnis nach Quartalen

Das Resultat dieses Aufrufs ist im folgenden Bild dargestellt. Man erkennt die zusätzliche Filial-Ebene anhand der 4 Gruppierungs-Ebenen (linke Ecke oben):

1 2 3 4		A	B	C	D
	1	Quartal	Filiale	Produkt	Umsatz
	2	Q1	Köln	Damenschuhe	125,00 €
	3	Q1	Köln	Reisekoffer	100,00 €
	4		Köln Ergebnis		225,00 €
	5	Q1	Stuttgart	Herrenhemd	80,00 €
	6		Stuttgart Ergebnis		80,00 €
	7	Q1 Ergebnis			305,00 €
	8	Q2	Berlin	Herrenhemd	80,00 €
	9	Q2	Berlin	Herrenschuhe	96,00 €
	10		Berlin Ergebnis		176,00 €

Abb. 204 Teilergebnis nach Quartal und Filiale

Um die Zahlen gemäß der Aufgabenstellung 3. (vgl. Kapitel 12.1), also

3. Aufgliederung des Quartals-Umsatzes auf die Filialebene

auszuweisen geht man wie folgt vor: Zuklappen auf Ebene ⟨3⟩, liefert die gewünschte Sicht der Quartalsumsätze geliedert nach Filialen, wie im folgenden Bild dargestellt.

1 2 3 4		A	B	C	D
	1	Quartal	Filiale	Produkt	Umsatz
	4		Köln Ergebnis		225,00 €
	6		Stuttgart Ergebnis		80,00 €
	7	Q1 Ergebnis			305,00 €
	10		Berlin Ergebnis		176,00 €
	12		Düsseldorf Ergebnis		180,00 €
	16		Hamburg Ergebnis		670,00 €
	19		Köln Ergebnis		260,00 €
	21		München Ergebnis		80,00 €
	23		Stuttgart Ergebnis		125,00 €
	24	Q2 Ergebnis			1.491,00 €

Abb. 205 Teilergebnis nach Quartal und Filiale: Aufriss Filiale

Im Bild oben erkennt man in der 7. Zeile den Umsatz des ersten Quartals Q1 aufgegliedert nach den Filialen Stuttgart (Zeile 6) und Köln (Zeile 4).

Zu guter Letzt sei noch die Aggregation unter Verwendung einer anderen Funktion statt Summe, z.B. Mittelwert, betrachtet; dies ist die Lösung auf Fragen des Typs 4, vgl. Kapitel 12.1, also:

4. Gefragt ist der durchschnittlicher Umsatz pro Quartal, aufgegliedert innerhalb eines Quartals nach Filiale.

Ein Lösungsbeispiel zu dieser Aufgabenstellung ist im folgenden Bild veranschaulicht. Für den Aufruf wurde wie erwartet die Funktion „Mittelwert" eingestellt (im Bild mit einem Mauszeiger markiert), alles andere – speziell das Aufriss-Reporting via Gruppierungen – bleibt wie in den vorigen Abschnitten.

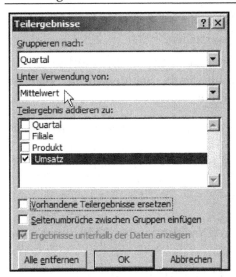

Abb. 206 Teilergebnis: Mittelwert-Bildung

12.4 Fehlerquellen und Hilfe im Fehlerfall

Wie auch in den vorangegangenen Kapiteln vgl. auch [ZM] für praktische Beispiele.

12.4.1 Teilergebnis liefert mehrere Summen für das gleiche Merkmal

Situation: Teilergebnis weist pro Merkmal mehrere Summen auf, im folgenden Bild z.B. wird für Q2 in Zeile 3 der Wert 180,000 EUR und in Zeile 9 der Wert 80,00 EUR ausgewiesen.

		A	B	C	D
	1	Quartal	Filiale	Produkt	Umsatz
+	3	Q2 Ergebnis			180,00 €
+	5	Q4 Ergebnis			96,00 €
+	7	Q1 Ergebnis			125,00 €
+	9	Q2 Ergebnis			80,00 €

Abb. 207 Teilergebnis: Mehrere Werte für das gleiche Merkmal

Problem: Teilergebnis erwartet die Daten nach dem zu summierenden Merkmal sortiert, siehe Kapitel 12.2.4.

Abhilfe: Das falsche Teilergebnis muss entfernt werden (nicht manuell! – die Gruppierung zu entfernen ist lästig und fehleranfällig. Siehe nächsten Abschnitt). Danach muss die Datenbasis nach dem zu summierenden Merkmal sortiert werden, worauf man Teilergebnis erneut aufrufen kann.

12.4.2 Fehlerbehebung Teilergebnis

Situation: Das Ergebnis von Teilergebnis sieht unerwartet aus.

Problem: Eine falsche Auswahl der Merkmale oder der anderen Parametern lässt Teilergebnis unerwartete Berichte erstellen.

Abhilfe: Falsch gelaufenes Teilergebnis nicht manuell korrigieren – der Umgang mit den Gruppierungen ist zu aufwändig. Stattdessen das Teilergebnis zurücknehmen, d.h. Teilergebnis erneut aufrufen und gleich den Schaltknopf

Alle entfernen betätigen (weitere Parameter anzugeben ist nicht notwendig). Damit werden alle von Teilergebnis eingefügten Zeilen gelöscht, der Datenbereich wird auf den Zustand vor Anwendung des ersten Teilergebnisses zurückgesetzt.

12.5 Übungsaufgaben

1. Arbeiten Sie die Excel-Dateien (Download unter [ZM]) zum Kapitel durch, und zwar:

    a. Aus dem Verzeichnis *ExcelDateienBuch* die Dateien zum Buch

    b. Aus dem Verzeichnis *Fehlerbewältigung* die Dateien zu den Fehler-Quellen

    c. Aus dem Verzeichnis *Uebungen* die Übungsaufgaben.

13 Jährliche Zinslast aus dem Darlehen

Lernziele: 1. Darlehens-Zinsen: jährliche Summe

2. Excel: Periodische Muster

Für jede Investition kann man die Kosten der Investition als Aufwendungen gegenüber der Steuerbehörde geltend machen. Die Finanzierungskosten sind eine von vielen anfallenden Aufwendungsarten. Nur von extern bezogene Darlehen bzw. die Zinszahlungen dafür werden für die Finanzierungskosten vom Finanzamt anerkannt[61]. In diesem Kapitel wird die Berechnung der jährlichen Zinslast eines Darlehens mit Hilfe vom Teilergebnis dargestellt.

13.1 Vorbereitungen Aufruf Teilergebnis

Ausgangslage ist das Darlehen der vorherigen Kapitel bzw. das entsprechende Darlehenskonto wie in Kapitel 3.3:

⸝	A	B	C	D	E	F
1	Nominalbetrag	60.000,00 €				
2	Nominalzinssatz	5,25%				
3	Anfänglicher Tilgungssa	1,00%				
4	Laufzeit	10	Jahre			
5						
6	Rate jährlich:	3.750,00 €		Restschuld Laufzeitende:		52.131,15 €
7	Rate monatlich:	312,50 €				
8						
9						
10	Monat	Restschuld Beginn Periode	Rate	Zins	Tilgung	Restschuld Ende Periode
11	0					60.000,00 €
12	1	60.000,00 €	312,50 €	262,50 €	50,00 €	59.950,00 €
13	2	59.950,00 €	312,50 €	262,28 €	50,22 €	59.899,78 €
14	3	59.899,78 €	312,50 €	262,06 €	50,44 €	59.849,34 €

Abb. 208 Ausgang Darlehenskonto

Um die jährliche Zinslast zu berechnen, braucht man die Zuordnung jeder Zinszahlung zum entsprechenden Jahr. Im obigen Darlehenskonto ist der Zusammenhang Monat (Spalte A) ⇔ Zinszahlung (Spalte D) vorhanden. Um von den Monaten auf die entsprechende Jahreszahl zu kommen, gibt es mehrere Möglichkeiten:

- Die Monatszahl durch 12 teilen und runden, ggf. unter Addition einer Eins.

---

61 Die steuerrechtliche Lage ist dabei leider kompliziert, ohne Anspruch auf Vollständigkeit: Privatpersonen können für eigene Finanzierungen (z.B. Häuslebauer) keine Finanzierungskosten geltend machen (es sei denn das Haus ist zumindest in Teilen denkmalgeschützt). Für eigene Investitionen besteht unter Umständen die Möglichkeit, Kosten von der Steuer abzusetzen.

- Via Fortschreiben von Zellen das erste Jahr bestimmen – also Monate 1 bis 12 dem ersten Jahr zuordnen – und für das nächste Jahr eine Formel „die zwölftletzte Zelle +1" verwenden sowie fortschreiben.

Unabhängig vom Ansatz muss eine neue Spalte für die Jahreszahl her. Der zweite Ansatz wird im Folgenden verwendet. Er verursacht weniger Rechenaufwand und ist auch weit weniger fehleranfällig.

13.2 Vorbereitung: Spalte Jahre einfügen und erstes Jahr fortschreiben

Der erste Schritt besteht darin, eine neue Spalte für die Jahre vorzusehen – einfach eine neue Spalte einfügen und entsprechend beschriften.

Für den Monat 0 (Null) entsprechend Jahr 0 eintragen (Zelle A11), für die Monate 1 bis 12 das Jahr 1 wie folgt eintragen (zum Hintergrund siehe Kapitel 2.1.3.1):

- In die Zellen A12 (für Monat 1) und A13 (für Monat 2) eine 1 eintragen
- Die beiden Zellen A12 und A13 markieren und via „Bobbele"-Fortschreibung die Datenreihe bis zum 12. Monat (Zelle A23) durchführen.

Das Zwischenergebnis ist im nächsten Bild dargestellt:

	A	B	C	D	E	F	G
	Jahre	Monat	Restschuld Beginn Periode	Rate	Zins	Tilgung	Restschuld Ende Periode
10							
11	0	0					60.000,00 €
12	1	1	60.000,00 €	312,50 €	262,50 €	50,00 €	59.950,00 €
13	1	2	59.950,00 €	312,50 €	262,28 €	50,22 €	59.899,78 €
14	1	3	59.899,78 €	312,50 €	262,06 €	50,44 €	59.849,34 €
15	1	4	59.849,34 €	312,50 €	261,84 €	50,66 €	59.798,68 €
16	1	5	59.798,68 €	312,50 €	261,62 €	50,88 €	59.747,80 €
17	1	6	59.747,80 €	312,50 €	261,40 €	51,10 €	59.696,70 €
18	1	7	59.696,70 €	312,50 €	261,17 €	51,33 €	59.645,37 €
19	1	8	59.645,37 €	312,50 €	260,95 €	51,55 €	59.593,82 €
20	1	9	59.593,82 €	312,50 €	260,72 €	51,78 €	59.542,04 €
21	1	10	59.542,04 €	312,50 €	260,50 €	52,00 €	59.490,04 €
22	1	11	59.490,04 €	312,50 €	260,27 €	52,23 €	59.437,81 €
23	1	12	59.437,81 €	312,50 €	260,04 €	52,46 €	59.385,35 €
24		13	59.385,35 €	312,50 €	259,81 €	52,69 €	59.332,66 €

Abb. 209 Konto um Jahreszahl ergänzen: 1. Jahr

13.3 Vorbereitung: Formel für Anfang des 2. Jahres

Die nächsten Jahre würde man für alle Zellen fortschreiben, statt sie manuell einzugeben. Dafür für den Anfang des nächsten Jahres folgende Formel ansetzen:

$$A24 = 1 + A12$$

Die Logik dahinter: Den Inhalt der zwölftletzten Zelle um 1 erhöhen entspricht dem eigentlichen Jahresmuster.

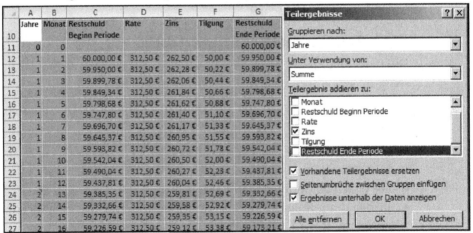

	A	B	C	D	E	F	G
	Jahre	Monat	Restschuld Beginn Periode	Rate	Zins	Tilgung	Restschuld Ende Periode
10							
21	1	10	59.542,04 €	312,50 €	260,50 €	52,00 €	59.490,04 €
22	1	11	59.490,04 €	312,50 €	260,27 €	52,23 €	59.437,81 €
23	1	12	59.437,81 €	312,50 €	260,04 €	52,46 €	59.385,35 €
24	2	13	59.385,35 €	312,50 €	259,81 €	52,69 €	59.332,66 €
25		14					€
26		15					€
27		16					€

A24 =1+A12

Formel:
A24 =   1 (für Jahr hochzählen)
      + A12 (Zwölf Zellen zurück, Anfang des vorigen Jahrens)

Abb. 210 Beginn des 2. Jahres

Mit diesem Zwischenstand muss man nur noch die „Bobbele-Doppelklick"-Fortschreibung der Zelle A24 durchführen. Dies beendet auch alle Vorbereitungen für Teilergebnis, jede Zinszahlung hat damit das dazugehörige Jahr zugeordnet.

13.4 Aufruf Teilergebnis

Mit den obigen Vorbereitungen ist der Aufruf von Teilergebnis wie folgt:

Abb. 211 Aufruf Teilergebnis nach Jahre mit Summation der Zinsen

- „Gruppieren nach:" der neu hinzugefügten Spalte Jahre (Spalte A)
- „Teilergebnis addieren zu:" – In der Spalte Zins (Spalte E) werden die Summen per anno erwartet, daher ankreuzen.
- Schalttaste OK bestätigen.

Das Ergebnis (im folgenden Bild dargestellt) ist auf Gruppierungs-Ebene 2

1 2 3		A	B	C	D	E	F	G
		Jahre	Monat	Restschuld	Rate	Zins	Tilgung	Restschuld
	10			Beginn Periode				Ende Periode
+	12	0 Ergebnis				- €		
+	25	1 Ergebnis				3.135,35 €		
+	38	2 Ergebnis				3.102,29 €		
+	51	3 Ergebnis				3.067,46 €		
+	64	4 Ergebnis				3.030,75 €		
+	77	5 Ergebnis				2.992,07 €		
+	90	6 Ergebnis				2.951,30 €		
+	103	7 Ergebnis				2.908,35 €		
+	116	8 Ergebnis				2.863,08 €		
+	129	9 Ergebnis				2.815,38 €		
+	142	10 Ergebnis				2.765,12 €		
−	143	Gesamtergebnis				29.631,15 €		

Abb. 212 Resultat Teilergebnis nach Jahre mit Summation der Zinsen

für die jährliche Zinslast reduziert. Die angezeigten jährlichen Zins-Summen können so dem Finanzamt gegenüber als Finanzierungskosten geltend gemacht werden, z.B. sind es im ersten Jahr 3.135,35 EUR.

13.5 Fehlerquellen und Hilfe im Fehlerfall

Die entsprechenden Fehlerquellen (samt Hilfestellung im Fehlerfall) des vorigen Kapitels behalten ihre Gültigkeit. Zusätzliche Punkte werden in den folgenden Unterabschnitten betrachtet.

13.5.1 Zeitachse der Monate ist nicht richtig

Situation: Die Zinsen pro Jahr stellen keine abnehmende Reihe dar und/oder weisen recht große Sprünge auf.

Problem: Die Zuordnung der monatlichen Zahlungen zu den Jahren könnte fehlerhaft sein

Abhilfe: Die Zeitachse der Monate überprüfen:

* Monat 0 (Null) zu Jahr 0 zuordnen.
* Die ersten darauffolgenden 12 Monate zu Jahr 1 (Eins) zuordnen.
* In der darauffolgenden Zelle sicherstellen, dass die zwölftletzte Zelle um 1 hochgezählt wird, vgl. Kapitel 2.2.2.

13.5.2 Punkte zu beachten

Situation: Ergebnis will nicht stimmen bzw. sieht nicht plausibel aus oder man möchte es gegenprüfen.

Problem: Welches sind die wichtigsten Punkte einer Qualitätssicherung?

Abhilfe: Folgende Punkte müssen geprüft werden:

- Die Aufstellung der Monate
- Teilergebnis:
  a. Erfolgt die Gruppierung nach Jahren?
  b. Ist als Funktion die Summe eingestellt?
  c. Wird die richtige Spalte aufaddiert?
  d. Flag „Vorhandene Teilergebnisse ersetzen" sicherheitshalber gesetzt lassen, um evtl. vorhandene Teilergebnisse zurückzusetzen.

13.6 Übungsaufgaben

1. Arbeiten Sie die Excel-Dateien (Download unter [ZM]) zum Kapitel durch, und zwar:
   a. Aus dem Verzeichnis *ExcelDateienBuch* die Dateien zum Buch
   b. Aus dem Verzeichnis *Fehlerbewältigung* die Dateien zu den Fehler-Quellen
   c. Aus dem Verzeichnis *Uebungen* die Übungsaufgaben.

14 Anhang I: Pivot-Tabellen

Die Techniken der vorigen Kapitel haben als Schwerpunkt den Aufbau von Berechnungen gehabt. Das Ziel der Pivot-Tabellen ist die Darstellung und Analyse von Daten. Da dies auch ein wichtiger Einsatzbereich von Excel ist, werden die grundlegenden Techniken in diesem Anhang dargestellt.

Eine Pivot-Tabelle gliedert sich in 4 Bereiche auf:

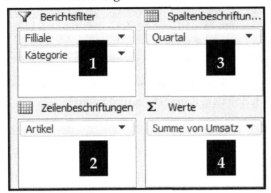

Abb. 213 Aufbau einer Pivot-Tabelle

Bei Bedarf werden die Daten von der Pivot-Tabelle zusammengefasst, z.B. aufsummiert. Im Bereich 1 werden bevorzugt Merkmale angebracht, wonach gefiltert/eingeschränkt werden kann. Im Bereich 2 werden die Merkmale definiert, welche in den Zeilen der Pivot-Tabelle erscheinen, im Bereich 3 die Merkmale der Spalten. Im Bereich 4 werden die Kennzahlen dargestellt – diese Kennzahlen entsprechen den Zeilen- bzw. Spalten-Einträgen und werden ggf. zusammengefasst.

[Eine bündige Präzisierung von *Merkmalen* und Kennzahlen: Kennzahlen sind quantitative[62] Größen, *Merkmale* sind beschreibende Daten zu den Kennzahlen.]

Ein Beispiel für diese Aufarbeitung von Daten: Für die Umsatzzahlen wie im Bild (Ausschnitt) ist der Umsatz aller *Artikel* von **Damenbekleidung** der *Filiale* **Frankfurt** aufgegliedert nach den *Quartalen* gefragt.

	A	B	C	D	E
1	Quartal	Filliale	Kategorie	Artikel	Umsatz
2	3. Quartal	München	Accessoires	Hüte & Mützen	102.594,00 €
3	1. Quartal	Frankfurt	Damenbekleidung	Nacht- & Unterwäsche	102.594,00 €
4	3. Quartal	Berlin	Herrenbekleidung	T-Shirts & Sweatshirts	125.846,00 €

Abb. 214 Datenbasis: Umsätze nach mehreren Merkmalen

---

62 D.h. messbare Größen, wobei „Messen" aus der Physik stammt: Zählen, wiegen, Längen messen, etc.

Eine Lösung für diese Aufgabenstellung liefert folgendes Bild:

	A	B	C	D	E	F
1	Filliale	Frankfurt ⊽				
2	Kategori	Accessoires ⊽				
3						
4	Summe von Umsatz	Spaltenbeschriftungen ▾				
5	Zeilenbeschriftungen ▾	1. Quartal	2. Quartal	3. Quartal	4. Quartal	Gesamtergebnis
6	Gürtel	248.961,00 €	225.894,00 €	498.562,00 €	201.549,00 €	1.174.966,00 €
7	Handschuhe	254.896,00 €	254.896,00 €	568.942,00 €	120.562,00 €	1.199.296,00 €
8	Hüte & Mützen	254.962,00 €	254.962,00 €	254.896,00 €	254.913,00 €	1.019.733,00 €
9	Krawatten	359.846,00 €	564.123,00 €	254.962,00 €	125.400,00 €	1.304.331,00 €
10	Schals &	125.846,00 €	231.561,0	359.846,00 €	245.100,00 €	962.353,00 €
11	Schmuck	358.946,00 €	102.594,0	654.835,00 €	353.641,00 €	1.470.016,00 €
12	Sonnenbrillen	568.942,00 €	568.942,0	358.946,00 €	125.684,00 €	1.622.514,00 €
13	Gesamtergebnis	2.172.399,00 €	2.202.972,00 €	2.950.989,00 €	1.426.849,00 €	8.753.209,00 €

Abb. 215 Pivot-Tabelle mit Merkmalen, Kennzahlen und Filter

Die Leseart der Pivot-Tabelle lautet:

1. Im Filterbereich (markiert mit 1) wurden 2 Merkmale definiert – *Filiale* und *Kategorie* – wonach ein Filter gesetzt wurde: Die *Filiale* wurde auf **Frankfurt** reduziert und die *Kategorie* auf **Accessoires**.

   Dies bedeutet, dass die angezeigten Umsatzzahlen der *Filiale* **Frankfurt** und *Kategorie* **Accessoires** angehören.

2. In den Zeilen (markiert mit 2) wurde das Merkmal *Artikel* definiert. Die Pivot-Tabelle zeigt alle relevanten Ausprägungen an (**Gürtel, Handschuhe**, etc.) sowie in der letzten Zeile 13 das **Gesamtergebnis** der Kennzahlen.

3. In den Spalten (markiert mit 3) wurde das Merkmal *Quartal* definiert. Die Pivot-Tabelle listet die Ausprägungen **1. Quartal** bis **4. Quartal** und als letzte Spalte F das **Gesamtergebnis** über alle Quartale auf.

4. Im Kennzahlenbereich (markiert mit 4) wurden die Umsatzzahlen zusammengefasst, und zwar nach den entsprechenden Merkmalen *Artikel* und *Quartal*. Beispielsweise beträgt die Summe aller **Handschuhe**-Umsätze im **1. Quartal** 254.896,00 EUR, vgl. Zelle B7.

Die Zusammenfassung ist im vorliegenden Fall auf weitere Merkmale eingeschränkt, dies ist in der Filter-Funktion im ersten Punkt oben ersichtlich.

Die vollumfängliche Erklärung der Kennzahl 254.896,00 EUR in der Zelle B7 lautet damit: In der Filiale Frankfurt wurden in der Kategorie *Accessoires* 254.896,00 EUR für *Handschuhe* im ersten Quartal umgesetzt.

Die Ausprägungen Frankfurt, Accessoires, Handschuhe, 1. Quartal beschreiben vollständig die Kennzahl 254.896,00 EUR in der obigen Pivot-Tabelle. Wünscht man eine andere Sicht, d.h. die Kennzahl(en) zu einer anderen Menge von Ausprägungen, so muss man an den Merkmalen „drehen", d.h. diese in den Bereichen 2,3 und 4 neu anordnen und ggf. neue hinzufügen.

Diese „Dreh- und Angelpunkt"-Eigenschaft der Kennzahlen stellt auch den Namensgeber für die Pivot-Tabelle dar: Pivot bedeutet auf Französisch/Englisch „Dreh- und Angelpunkt", Achse.

14.1 Aufruf Pivot-Tabellen

Den Aufruf der Pivot-Tabelle ist im Kontext der obigen Aufgabenstellung beschrieben:

- Den relevanten Datenbereich muss man als Eingabe für die Pivot-Tabelle kennzeichnen. Dies erfolgt entweder, indem man den Datenbereich markiert, siehe Kapitel 2.1.2, oder, in dem man den Mauszeiger in den Datenbereich stellt – Excel ermittelt daraufhin den Datenbereich automatisch, siehe die Motivation zu Kapitel 2.1.
  Für die Daten aus dem ersten Bild des vorherigen Abschnitts positioniert man den Mauszeiger in den entsprechenden Datenbereich, z.B. Zelle A2.
- In den Excel-Versionen ab 2007 befindet sich der Aufruf der Pivot-Tabelle auf dem Reiter
  → Einfügen
  → Schaltfläche PivotTable
  → im Untermenü wiederum PivotTable wählen (die Schritte sind im folgenden Bild mit 1, 2 bzw. 3 Mauszeigern gekennzeichnet)

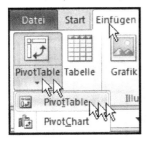

Abb. 216 Aufruf Pivot-Tabelle im Excel-Menü

- Nach dem Aufruf der Pivot-Tabelle öffnet sich folgendes Fenster, worin Excel den Datenbereich[63] bestätigt bekommen möchte.

---

63 Das Fenster bietet an, die Daten extern, d.h. außerhalb von Excel (z.B. Internet/Intranet) abzurufen; externe Datenquellen werden in der Praxis eher selten benutzt und hier auch übersprungen.

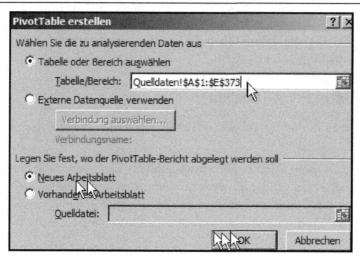

Abb. 217 Quell-Datenbereich für die Pivot-Tabelle

- Man erhält zudem die Option, das Ergebnis in ein neues oder in ein vorhandenes Excel-Blatt zu schreiben. I.d.R. möchte man die ursprünglichen Daten als Referenz erhalten, daher „Neues Arbeitsblatt" ausgewählt lassen.
- Das erste nennenswerte Ergebnis wird im neuen Excel-Blatt gezeigt und ist im nächsten Bild dargestellt:

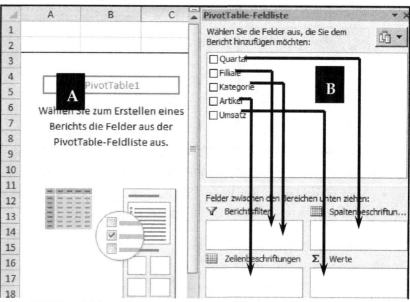

Abb. 218 Verschieben der Spalten als Merkmale (Zeilen/Spalten), Kennzahlen und Filter

- Im Excel-Blatt erscheint der Platzhalter für die Pivot-Tabelle (siehe Markierung A).

- Zusätzlich wird ein Fenster mit der Feldliste für die Pivot-Tabelle auf der rechten Seite eingeblendet. In diesem Fenster erfolgt die Definition der Pivot-Tabelle.

Die Felder der Feldliste kann man mit dem Mauszeiger in den gewünschten Bereich der Pivot-Tabelle ziehen (im obigen Bild mit Pfeilen angegeben). Jede Operation in dem Feldlisten-Fenster B spiegelt sich umgehend in der eigentlichen Pivot-Tabelle (Markierung A) wider. Die Pivot-Tabelle mit Definitions-Fenster als Endergebnis, ist im nächsten Bild dargestellt. Um das Definitions-Fenster „PivotTable-Feldliste" auszublenden, reicht es, aus der Pivot-Tabelle (Markierung A) den Mauszeiger heraus zu positionieren.

Abb. 219 Ergebnis der Spalten-Verschiebung in die Pivot-Struktur

14.1.1 Drill-Down Reporting

Die obige Darstellung ist sehr schlüssig bezüglich der Merkmale und Kennzahlen. Die ursprünglichen Daten lassen sich darin bedingt wiederfinden, beispielsweise sei folgende Frage gestellt: Welche Datensätze der ursprünglichen Datenbasis haben zum Betrag 225.894,00 EUR der Zelle C6 beigetragen?

	A	B	C	D	E
5	Zeilenbeschriftun gen ▾	1. Quartal	2. Quartal	3. Quartal	4. Quartal
6	Gürtel	248.961,00 €	225.894,00 €	498.562,00 €	201.549,00 €
7	Handschuhe	254.896,00 €	254.896,00		120.562,00 €
8	Hüte & Mützen	254.962,00 €	254.962,00		254.913,00 €
9	Krawatten	359.846,00 €	564.123,00		125.400,00 €
10	Schals & Tücher	125.846,00 €	231.551,0		245.100,00 €

Summe von Umsatz
Wert: 225.894,00 €
Zeile: Gürtel
Spalte: 2. Quartal

Abb. 220 Nachvollziehbarkeit der der angezeigten Summen, z.B. C6

Die Antwort kann man durch Doppel-Klick auf der relevanten Zelle C6 anfordern, Excel erzeugt ein neues Blatt und listet darin alle geforderten Datensätze (im Bild nur ein Ausschnitt).

Abb. 221 Beitragende Datensätze Drill-Down-Reporting

14.2 Pivot-Charts

Statt der Pivot-Tabelle kann man auch ein Pivot-Diagramm oder „Pivot-Chart" wie in Kapitel 14.1, definieren. Man braucht dafür nur „Pivot-Chart" statt „PivotTable" im Schritt 2 anzuwählen. All die anderen Schritte in der Definition der Pivot-Tabelle lassen sich 1:1 für die Pivot-Diagramme übertragen. Das Ergebnis ist im Bild dargestellt.

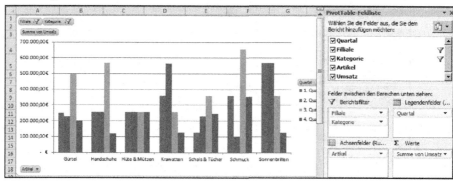

Abb. 222 Pivot-Chart: Pivot-Tabelle als Diagramm

14.3 Merkmale: Zeilen oder Spalten?

Die allgemeine Regel in Excel lautet, umfangreiches Datenmaterial (i.d.R. Zahlen) in Spalten anzuordnen. Dies ist durch die technische Realisierung der Excel-Blätter kulturell bedingt[64]: Die Anzahl der verfügbaren Zeilen übersteigt die der Spalten um ein deutliches Vielfaches.

Für die Anordnung der Merkmale in Zeilen oder Spalten ist damit deren geschätzter Wertebereich ausschlaggebend:

- Hat ein Merkmal nur diskrete, endlich viele und vorhersehbar viele Werte, so eignet es sich für die Darstellung in einer Spalte.
  Beispiel: Quartale – davon gibt es im Jahr nur 4.

---

64 Für das Schreiben hat man eine vorgegebene Breite des Blattes, in der Länge kann man beliebig weit nach unten gehen, ggf. unter Zuhilfenahme weiterer Blätter.

- Hat ein Merkmal

   a. nicht-diskrete Werte (z.B. Beträge) oder

   b. sind die diskreten Werte sehr viele (z.B. Belegnummern) oder

   c. die Merkmals-Werte sind änderbar in der Zeit (z.B. Filialen, Geschäftspartner, etc.),

   so empfiehlt es sich, dieses Merkmal in einer Zeile unterzubringen.

Diese Regeln dienen als Orientierungshilfe und stellen keine verbindliche Vorgabe dar, die Zielsetzung ist wie immer: Der Aufbau der Pivot-Tabelle muss den gestellten Anforderungen genügen bzw. generell verständlich aufgebaut sein.

14.4 Wegweiser: Wann Pivot-Tabellen/Teilergebnis verwenden?

Pivot-Tabellen und Teilergebnisse führen zu ähnlichen Ergebnissen, daher stellt sich die Frage: Wann soll idealerweise die Pivot-Tabelle eingesetzt werden und wann das Teilergebnis? Um diese Entscheidung treffen zu können, folgt hier zunächst ein Vergleich der beiden Funktionen:

Tabelle 15 Pivot-Tabelle im Vergleich zum Teilergebnis

	Teilergebnis	Pivot-Tabelle	Bewertung
Merkmal	Ein Merkmal pro Aufruf, wiederholt aufrufbar	Beliebig viele Merkmale kombinierbar	Teilergebnis umständlicher
	Merkmale müssen sortiert sein	Keine Vorarbeiten	Teilergebnis umständlicher
	Merkmale können nur in Zeilen sein	Merkmale können in Zeilen und/oder Spalten sein	Pivot besser, K.O.–Kriterium Teilergebnis
	Hierarchische Merkmale	Hierarchische Merkmale	Gleichauf
	Hierarchie/Merkmale nicht änderbar	Hierarchie/Merkmale änderbar	Pivot besser, K.O.–Kriterium Teilergebnis
Kennzahlen	Gleiche Menge von Aggregations-Funktionen (d.h. Summieren, Mittelwert, etc.)		Gleichauf
	Anzeige Quelldaten und Ergebnis kombiniert	Anzeige nur Ergebnis, keine Quelldaten	Teilergebnis besser, K.O. – Kriterium für Pivot-Tabelle
	Drill-Down Reporting via Gruppierung	Drill-Down Reporting via Doppel-Klick	Gleichauf

Kurz zusammengefasst: Pivot-Tabellen können die Merkmale und deren Hierarchie flexibel ändern und dieselben auch in Spalten anordnen. Dafür ermöglicht das

Teilergebnis die Anzeige der Quelldaten mit den Ergebnissen, mit Pivot-Tabellen ist dies nicht möglich.

14.5 Fehlerquellen und Hilfe im Fehlerfall

Wie auch in den vorangegangenen Kapiteln vgl. auch [ZM] für praktische Beispiele.

14.5.1 Aktualisierte Datenquelle, veraltete Pivot-Tabelle

Situation: Die von der Pivot-Tabelle angezeigten Ergebnisse scheinen zweifelhaft bzw. die Datenquelle für die Pivot-Tabelle wurde geändert.

Problem: Die Ergebnisse werden nur bei der Erstellung der Pivot-Tabelle berechnet und nicht automatisch aktualisiert. Ändert sich die Datenquelle, so muss die Pivot-Tabelle manuell aktualisiert werden, um die Änderungen der Datenquelle zu berücksichtigen.

Abhilfe: Aktualisieren der Pivot-Tabelle. Hierzu stellt Excel eine eigene Drucktaste im Menü bereit, unter Excel 2007 ist sie im Teil-Menü PivotTable-Tools wie folgt zu finden:

- Sicherstellen, dass der Mauszeiger sich in der Pivot-Tabelle befindet. Nur dann wird in der oberen Fensterleiste die Drucktaste „PivotTable-Tools" sichtbar:

Abb. 223: PivotTable-Tools im Excel 2007 Menü

- Wie im Bild oben mit dem Mauszeiger angedeutet, die Taste „PivotTable-Tools" anwählen. Dadurch wird im Menü-Band von Excel das Menü der Pivot-Tabellen eingeblendet:

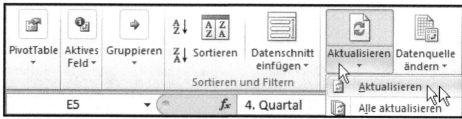

Abb. 224 PivotTable-Tools: Operationen und Optionen

- Im Pivot-Tabellen-Menü den Taste „Aktualisieren" anwählen (im obigen Bild mit einem Mauszeiger markiert) sowie aus der Drop-Down-Liste den Befehl mit dem gleichen Namen „Aktualisieren" anklicken (im Bild mit 2 Mauszeiger angedeutet).

Damit wird die Pivot-Tabelle mit der aktuellen Datenquelle als Basis neu berechnet.

14.5.2 Pivot-Tabelle verwendet falsche Funktion, z.B. Anzahl statt Summe

Situation: Die von der Pivot-Tabelle angezeigten Ergebnisse zählen die Datensätze statt die Kennzahlen aufzusummieren.

Problem: Die übliche Voreinstellung für das Zusammenfassen von Kennzahlen ist „Summe". Abweichend davon gibt es Installationen von Excel mit z.B. „Anzahl" als Voreinstellung.

Abhilfe: Die zu verwendende Funktion für die Aggregation der Kennzahlen manuell einstellen:

- In der Definition der Bereiche (im Teilfenster „Σ Werte") auf den Balken zur gewünschten Kennzahl klicken, im Bild mit einem Mauszeiger gekennzeichnet

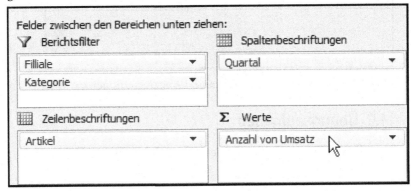

Abb. 225 Einstellungen für die Kennzahlen/Werte

- Im sich öffnenden Kontext-Menü den Eintrag „Wertfeldeinstellungen…" anwählen:

Abb. 226 Drop-Down-Menü für Werte

- Das darauf folgende Fenster bietet die Möglichkeit, die Funktion für die Zusammenfassung der Kennzahlen auszuwählen. Dafür wie im Bild 227 weiter unten die „Summe" anwählen und mit OK bestätigen.

Nach diesen Schritten verwendet die Pivot-Tabelle die Summenfunktion für die Zusammenfassung der Kennzahlen.

Gut zu wissen: Die Konsolidierung, Teilergebnis und die Pivot-Tabellen bieten zur Aggregation von Kennzahlen alle Funktionen an wie unter Kapitel 8.3.2 beschrieben.

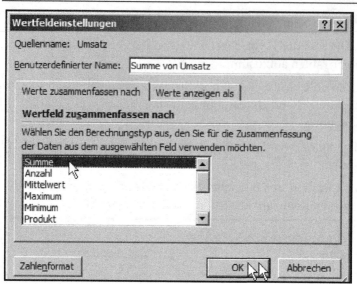

Abb. 228 Aggregations-Funktionen und Anzeigeoptionen für Werte

14.6 Übungsaufgaben

1. Arbeiten Sie die Excel-Dateien (Download unter [ZM]) zum Kapitel durch, und zwar:

   a. Aus dem Verzeichnis *ExcelDateienBuch* die Dateien zum Buch

   b. Aus dem Verzeichnis *Fehlerbewältigung* die Dateien zu den Fehler-Quellen

   c. Aus dem Verzeichnis *Uebungen* die Übungsaufgaben.

15 Anhang II: Tabellen in Excel (ehem. Listen)

Seit MS Office 2007 stehen die Excel-Objekte „Tabellen" zur Verfügung. Diese lösen die ehemaligen „Listen" ab. Mit beiden Konstrukten zielt Excel darauf, die Daten-Bereiche (vgl. Kapitel 2.1) zu systematisieren, um Standard-Operationen dafür zur Verfügung zu stellen. Die Vorteile der „Tabellen" in Excel 2007 sind: schnelle Zebrastreifen-Färbung von Datenbereichen, zwecks besserer Lesbarkeit, und implizites Filter-Setzen.

Nachteile: Obschon es angenehm ist, den Datenbereich via Tabellennamen anzusprechen, sind die Tabellen ansonsten sehr starr, z.B. lassen sich die Daten darin nur umständlich sortieren oder mit Teilergebnis bearbeiten.

Empfohlene Verwendung: Nach Beenden der Verarbeitung eines Datenbereichs kann man diesen in Tabellenform umwandeln, insofern dadurch keine Ergebnisse verloren gehen (z.B. Teilergebnis). Die Tabellen lassen sich leicht zurücknehmen, zurück bleibt die Formatierung.

Die Techniken des Abschnitts 2.1 Datenbereiche: Effiziente Handhabung, Seite 5, haben Geltung, unabhängig davon, ob mit oder ohne Tabellen-/Listen-Objekte gearbeitet wird.

16 Anhang III: Der Namensmanager - Namen für Zellen

Neben der technischen Adressierung von Zellen mittels Bezügen (z.B. B1, C10, etc.) erlaubt Excel auch Zellen mit selbstdefinierten Namen zu versehen und diese z.B. in Formeln zu verwenden. Eine Anwendung dafür ist in Kapitel 10.3.1 beschrieben. Zusätzlich zu der im vorhin genannten Abschnitt beschriebenen Art Zellen-Namen zu setzen, werden in diesem Abschnitt zwei weitere Methoden aufgezählt. Der Kontext des Kapitels 10.3.1 dient dabei als Grundlage:

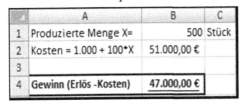

Abb. 229 Der Namensmanager anhand eines Beispiels

16.1 Eigene Namen: Schnellprozedur

Die unkomplizierteste Möglichkeit, einer Zelle einen Namen zu geben

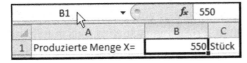

Abb. 230 Zelle B2 benennen ...   **Abb. 231 ... durch Eintippen des Namens**

besteht darin, in das Eingabefeld links von der Eingabeleiste den Namen einzutippen. Die markierte Zelle erhält damit den entsprechenden Namen. In den obigen beiden Bildern wird die Zelle B1 mit dem Namen

Produzierte_Menge_X

versehen.

16.2 Eigene Namen: über das Menü

Die Namens-Verwaltung ist in Excel in der Regel in jeder Version im Menü integriert. In Excel 2007 erreicht man die Namensverwaltung über

Formeln → (Definierte Namen) → Namen definieren (Bild links unten)

Im Pop-Up Fenster (Bild rechts) kann man dann die relevante Definition eingeben.

In dem Bild links oben ist der Namen-Manager ersichtlich, der eine Übersicht aller Zellen-Namen gibt einschließlich der Option diese zu ändern oder löschen.

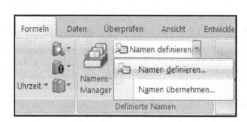

Abb. 232 Definition von Namen im Menü   **Abb. 233 Eingabe des Zellen-Namens**

16.3 Kritische Würdigung der Zellen-Namen in Formeln

Statt der Zellbezüge können Namen von Zellen verwendet werden, selbst in Formeln lassen sie die Namen einsetzen. Zwei Beispiele im obigen Kontext sollen dies verdeutlichen:

Summe(Produzierte_Menge_X)   statt   Summe(B1)   bzw.
1000+100* Produzierte_Menge_X   statt   1000+100*B1

Die Möglichkeit, Namen statt Zellbezügen in Formeln zu verwenden, ist im Grunde genommen sehr löblich: Man merkt sich eher Begriffe als technische Bezeichnungen. Leider sieht Excel keine Möglichkeit vor, dem definierten Namen auch die Absicht der Benennung anzuheften. Problematisch wird dies in folgenden Fällen:

- Falls sich die Namen der Zellen ändern, z.B. falls der Name Produzierte_Menge_X nicht mehr auf B1 verweist. Alle auf den Namen Produzierte_Menge_X aufbauende Formeln verlieren dadurch i.d.R. ihre Korrektheit.
- Bei der späteren Verwendung solcher Namen: Wegen der mangelnden Dokumentation der Absicht (und laxer Namensgebung ...), muss man häufig die zum Namen dazugehörigen Zellen prüfen, um sicherzustellen, dass ein Name auch das tut, was er auszudrücken scheint.

Obwohl man Namen für Zellen einsetzen kann, bleibt es bei der Königsdisziplin, in Formeln mit Zellbezügen arbeiten können bzw. Formeln nach wie vor mit Zellbezügen des Typs A1, B1, etc. lesen und interpretieren zu können. Daher das

Fazit: Namen statt Zellen in Formeln haben einen geringen Mehrwert und können dafür aber mehr Verwirrung stiften.

Erschwerend kommt hinzu, dass die Konvention für den Aufbau der Namen technischer Natur ist, d.h. man muss sich an die Anleitung aus Kapitel 10.5.4 halten.

Dies sind wohl die Gründe, warum sich die Namensvergabe für Zellen nicht flächendeckend durchgesetzt hat.

17 Anhang IV: Weitere nützliche Tipps

Die folgende Liste von nützlichen Tipps lässt sich nicht unmittelbar kategorisieren und weist auch keinen direkten analytischen Bezug auf – man kann eigentlich auch ohne sie mit Excel gut arbeiten. Die Tipps sind jedoch auch im analytischen Bereich gut brauchbar. Dieser Anhang ergänzt Kapitel 2.

17.1 Format übertragen

Hinter der Schaltfläche steckt in allen Office-Programmen die Funktion „Format übertragen". Seit Excel 2007 ist diese Schaltfläche gleich in der Start-Leiste zu finden, im Zweifelsfall hilft die F1-Hilfe weiter. Diese Schaltfläche hilft dann weiter, wenn man einer Zielzelle das gleiche Format eine Quellzelle zuweisen möchte:

- Man positioniere den Mauszeiger in die Quellzelle
- Einmal die Schaltfläche klicken. Der Mauszeiger nimmt damit die Form des Pinsels an.
- Die Zielzelle(n) markieren: Es können mehrere Zellen markiert werden, sogar ganze Zeilen und/oder Spalten.

Damit wurde das Format der Quellzelle auf die Zielzelle(n) übertragen, und zwar ohne die Inhalte zu ändern oder mühselig alle Dimensionen der Formatierung berücksichtigen zu müssen: Schriftart (Arial, Verdana, etc.), Schriftschnitt (Fett, kursiv), Effekte (Unterstrichen, …), etc.

Tipp: Möchte man mehrere Zellen mit dem Format einer Quellzelle versehen, so bietet es sich an, im 2. Schritt oben einen Doppel-Klick auf das Pinsel-Symbol für Format übertragen auszuführen. Das Symbol des Mauszeigers ändert sich nun nicht mehr nach dem Übertragen auf eine Zelle, es können beliebig viele Zellen bearbeitet werden. Um die Formatübertragung zu beenden, reicht es die Schaltfläche einmal anzuklicken.

17.2 Arbeiten mit der Statusleiste

Am unteren Rand des Excel-Fensters befindet sich die Statusleiste. Darin kann man schnell und bequem Hilfsfunktionen einblenden oder weitere Parameter abfragen. Ein Beispiel: Will man spontan die Summe von Excel-Zellen haben – ohne diese abspeichern zu wollen – reicht es, die entsprechenden Zellen zu markieren, um das Ergebnis am unteren Rand der Statusleiste (vgl. Mauszeiger) ablesen zu können.

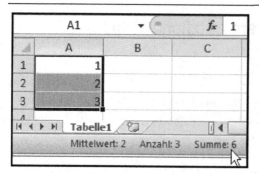

Abb. 234 Ergebnisse in der Statuszeile

Offenbar berechnet Excel laufend die Summe markierter Zellen, ebenso die anderen Funktionen (im Bild oben Mittelwert und Anzahl).

Die zur Verfügung stehenden Funktionen kann man den eigenen Vorlieben anpassen: Via Rechte-Maus-Taste-Klick auf die Statusleiste eröffnet sich die Liste der ein- und ausschaltbaren Elemente.

Statusleiste anpassen

(… weitere Listeneinträge …)

M̲inimum	
Ma̲ximum	
✓	S̲umme	6

Abb. 235 Anpassungsmöglichkeiten der Statuszeile (Ausschnitt)

Im Bild oben ist diese Liste verkürzt dargestellt, man erkennt am linken Rand die Häkchen für das ein-/ausschalten der jeweiligen Funktion.

17.3 Verwendungsnachweis von Zellen und Formeln

Die F2-Technik des Abschnitts 2.2.2 Graphisches Editieren von Formeln: F2-Taste, Seite 15, ist nur im Kontext des eigenen Blattes nützlich. Die Arbeit mit mehreren Blättern erschwert die Übersicht über die Zusammensetzung von Formeln. Denkbar ist auch die Situation, die Verwendung einer bestimmten Zelle in allen Formeln untersuchen zu müssen. Zu diesem Zweck stellt Excel die Schaltflächen ⊹ Spur zum Vorgänger sowie ⊹ Spur zum Nachfolger bereit, zu finden i.d.R. in der Nähe des Menüpunktes „Formeln"(Excel 2007: Menü-Band Formeln → Gruppe Formelüberwachung).

17.3.1 Verwendungsnachweis Zellen

Will man für eine Zelle alle Verwendungen in Formeln erhalten, so muss man

- die gewünschte Zelle markieren (im Bild A1) sowie
- die Funktion **Spur zum Nachfolger** ausführen.

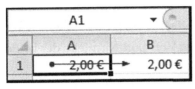

Abb. 236 Graphischer Verwendungsnachweis der Zelle

Excel blendet eine Liste von Pfeilen ein, jeder Pfeil stellt eine Verwendung dar. Im Bild oben ist dies der Pfeil von A1 nach B1 (Excel-Formel: B1 = A1). Durch Doppel-Klick auf den Pfeil positioniert Excel den Mauszeiger auf den entsprechenden Nachfolger, d.h. auf die Formel in der die Zelle A1 verwendet wurde.

Ein wiederholtes Anfordern von **Spur zum Nachfolger** blendet den Verwendungsnachweis der im Schritt davor ermittelten Zellen ein; diese Operation ist beliebig wiederholbar. Braucht man den Verwendungsnachweis nicht mehr, bietet Excel das Entfernen aller Verwendungs-Pfeile über die Schaltfläche **Pfeile entfernen** an.

17.3.2 Zusammmmensetzung von Formeln

Für die Zusammensetzung einer Formel berücksichtigt **Spur zum Vorgänger** auch die Zellen auf anderen Excel-Blätter. Dies im Unterschied zu F2: Der Abschnitt Graphisches Editieren von Formeln: F2-Taste (Kapitel 2.2.2) berücksichtigt nur Zellen auf dem aktuellen Excel-Blatt. Um die Zusammensetzung von Formeln anzuzeigen geht man wie oben vor:

- Die gewünschte Zelle markieren (im Bild unten B1)
- Die Funktion **Spur zum Vorgänger** anfordern

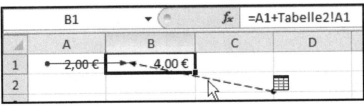

Abb. 237 Formelbestandteile als Pfeile verglichen zur Funktionsleiste

Excel blendet damit 2 Arten von Pfeilen ein: Pfeile auf die Zellen des aktuellen Blattes sowie Pfeile auf Zellen von anderen Arbeitsblättern (im Bild oben mit einem Mauszeiger markiert). Wie im vorigen Abschnitt gelangt man über einen Doppel-Klick auf den Pfeil auf die entsprechend verwiesene Zelle. Wiederholtes anfordern von [Spur zum Vorgänger] blendet die Vorgänger der Vorgänger, etc. ein.

17.3.3 Wegweiser: F2 oder Verwendungsnachweis?

Folgende tabellarische Übersicht soll die Vor- und Nachteile der beiden Methoden ins Verhältnis zueinander setzen:

Tabelle 16 Nützliche Kriterien für den Einsatz von F2 oder Verwendungsnachweis

Nr.	Kriterium	F2	Verwendungsnachweis
1.	Graphisches Editieren von Formeln	dafür gedacht, versagt bei Formeln über mehrere Blätter	ungeeignet, selbst bei Formeln über mehrere Blätter
2.	F2-Enter Technik	bildet die Grundlage	nicht verwendbar
3.	Zusammensetzung einer Formeln	Formelbestandteile anderer Blätter werden nur angezeigt	alle Formelbestandteile werden nachgewiesen
4.	Rekursion[65]	nicht dafür gedacht	dafür gedacht
5.	Verwendungsnachweis einzelner Zellen	nicht dafür gedacht	dafür gedacht

---

[65] D.h. die Bestandteile einer Formel, deren Bestandteile usw. aufdecken.

18 Quellenverzeichnis

Generell sind alle Aufrufe von Excel-Funktionen und -Funktionalitäten des vorliegenden Buches in der Hilfe von Excel dokumentiert. Dabei unterscheidet Microsoft zwei Arten der „Hilfe":

- Die „gute alte Online-Hilfe", d.h. die Hilfestellung, welche mit der Installation von MS Office auf dem lokalen PC mit-installiert wird.
- Die Hilfestellung von Office im Internet

Mit „Online-Hilfe" wird im diesem Buch ausschließlich der erste Punkt der vorigen Liste verstanden, also die „gute alte Online-Hilfe" auf dem lokalen PC.

Die weiteren im Buch referenzierten Quellen sind im Folgenden aufgeführt:

1. [ZM] Zusatzmaterialien zum Buch:

   Web-Server: http://www.springer-vieweg.de

   Man suche dabei nach der Nummer 978-3-8348-1977-2 (ISBN)

2. [ZSTR] – Zinsstrukturkurve für Juli 2011 laut

   Web-Server: http://www.bundesbank.de, Verzeichnis:
   /download/volkswirtschaft/kapitalmarktstatistik/2011/kapitalmarktstatistik072011.pdf

3. [ZSTR-Schätz] Zur Problematik der Schätzung von Zinsstrukturkurven,

   Monatsbericht der Deutschen Bundesbank, Oktober 1997

   Web-Server: http://www.bundesbank.de, Verzeichnis:
   /download/volkswirtschaft/mba/1997/199710mba_zstrukt.pdf

   sowie die Methodik für die Statistik der Bundesbank zu den Zinsstrukturkurven:

   Web-Server: http://www.bundesbank.de, Verzeichnis:
   /statistik/statistik_veroeffentlichungen_beiheft2.php

4. [PAngV] Preisangabenverordnung:

   http://www.gesetze-im-internet.de/pangv/

5. [EffZ_PAngV] Effektivzinssatz gemäß Preisangabenverordnung

   http://www.gesetze-im-internet.de/pangv/anlage_14.html

   §6 Preisangabenverordnung und Anhang

6. [S-BOERSE] Börse Stuttgart, Zinsstrukturkurven ausgewählter Emittenten
   Web-Server: https://www.boerse-stuttgart.de, Verzeichnis
   /de/toolsundservices/zinsstrukturkurve/Zinsstrukturkurve.html

19 Sachwortverzeichnis

Printed in the United States
By Bookmasters